AF324577

FAUNE ENTOMOLOGIQUE

DE MADAGASCAR, BOURBON ET MAURICE.

LÉPIDOPTÈRES.

PAR LE DOCTEUR BOISDUVAL,

MEMBRE DE PLUSIEURS SOCIÉTÉS SAVANTES NATIONALES ET ÉTRANGÈRES.

AVEC DES NOTES SUR LES MOEURS,

PAR M. SGANZIN,

CAPITAINE D'ARTILLERIE DE MARINE COMMANDANT LE FORT DE SAINTE-MARIE.

1ere LIVRAISON.

PARIS

A LA LIBRAIRIE ENCYCLOPÉDIQUE DE RORET,

RUE HAUTEFEUILLE, N° 10 *bis*.

OUVRAGES D'HISTOIRE NATURELLE
QUE PUBLIE LE LIBRAIRE RORET,
RUE HAUTEFEUILLE, N° 10 *bis*, A PARIS.

SCHOENHERR. *Synonymia insectorum* CURCULIONIDES. Ouvrage comprenant la synonymie et la description de tous les Curculionites connus; par M. SCHOENHERR. 4 vol. in-8°. (Ouvrage latin.) Prix, 9 fr. chaque partie. La 1re partie a paru en juin 1833.

On trouve chez le même éditeur un petit nombre d'exemplaires restant de la *Synonymia insectorum*, du même auteur. Chacun des trois volumes qui composent cet ouvrage est accompagné de planches coloriées, dans lesquelles l'auteur a fait représenter des espèces nouvelles. Un demi-volume, consacré à des descriptions d'espèces inédites, est annexé au troisième tome, sous forme d'appendix. Le prix de ces trois volumes et demi est de 30 francs pris à Paris.

ICONES HISTORIQUE DES LÉPIDOPTÈRES d'Europe, nouveaux ou peu connus; par le docteur BOISDUVAL.

Cet ouvrage, en faisant connaître les nouvelles découvertes, forme un supplément indispensable à tous les auteurs iconographes. Il contiendra environ trente livraisons. Chaque livraison se compose de deux planches coloriées et du texte correspondant, imprimé sur papier vélin. — Prix de la livraison pour les souscripteurs, 3 francs.

COLLECTION ICONOGRAPHIQUE ET HISTORIQUE DES CHENILLES d'Europe, avec des applications à l'agriculture. — Par MM. BOISDUVAL, RAMBUR et GRASLIN.

Cet ouvrage dans lequel toutes les chenilles seront peintes d'après la nature vivante, à leurs différents âges, par les premiers artistes ou par les auteurs, sur les plantes dont elles se nourrissent, formera environ soixante à soixante-dix livraisons, composées chacune de trois planches coloriées, et du texte correspondant, imprimé sur papier vélin. — Prix de chaque livraison pour les souscripteurs, 3 francs.

Ces deux ouvrages sont parvenus à la 16e livraison (juin 1833), et MM. les souscripteurs ont été à même de comparer avec ce qui avait été fait jusqu'à présent, et de juger par la haute perfection de la partie iconographique, que nous ne sommes pas restés au-dessous des promesses faites dans notre prospectus.

FAUNE ENTOMOLOGIQUE de Madagascar, Bourbon et Maurice. — LÉPIDOPTÈRES; par le docteur BOISDUVAL; avec des notes sur les métamorphoses, par M. SGANZIN.

Cet ouvrage, traité avec la même perfection et le même soin que les deux précédents, contient un grand nombre d'espèces nouvelles, la plupart fort remarquables, ainsi que la description des espèces anciennement connues. Il se compose de huit livraisons grand in-8° vélin, et chaque livraison contient deux feuilles de texte et deux planches coloriées représentant chacune un grand nombre d'individus.

Le prix de la livraison est de 4 francs. Toutes les livraisons sont en vente.

ICONOGRAPHIE ET HISTOIRE DES LÉPIDOPTÈRES ET DES CHENILLES DE L'AMÉRIQUE SEPTENTRIONALE; par le docteur BOISDUVAL et par le major JOHN LECONTE de New-Yorck.

Cet ouvrage, dont il n'avait paru que huit livraisons, et interrompu par suite de la révolution de 1830, va être continué avec rapidité. Les livraisons 9 et 10 sont en vente, et les suivantes paraîtront à des intervalles très rapprochés.

L'ouvrage comprendra environ quarante livraisons. Chaque livraison contient trois planches coloriées, et le texte correspondant. Prix pour les souscripteurs, 3 francs la livraison.

Faune de l'Océanie; par le docteur Boisduval. Un gros vol. in-8° imprimé sur grand papier vélin.

Cours d'entomologie, ou de l'Histoire Naturelle des Crustacées, des Arachnides et des Insectes; par M. Latreille. — Première année. Un gros vol. in-8° avec un Atlas composé de vingt-quatre planches. Prix, 15 francs. — Cet ouvrage est le dernier qu'ait publié M. Latreille.

Nouvelles annales du muséum d'histoire naturelle. Recueil des mémoires de MM. les professeurs de cet établissement et autres naturalistes célèbres, sur les branches des sciences naturelles qui y sont enseignées.— L'année 1832 commence la 3ᵉ série et forme un volume. — Le prix est de 3o francs pour Paris, et 33 francs pour les départements. — Quatre cahiers composent l'année; ils paraissent tous les trois mois, et forment à la fin de l'année un volume in-4° d'environ soixante feuilles, orné de vingt planches au moins.

Revue entomologique, par M. Gustave Silbermann. — Journal paraissant tous les mois par cahier d'au moins trois feuilles, formant avec les planches deux volumes à la fin de l'année.

Prix de l'abonnement pour l'année, *franco*. . . 36 francs.

Catalogue des Lépidoptères du département du Var; par M. Cantener. Prix. . . . . 2 francs.

Plantes rares du jardin de Genève, par A. P. De Candolle, in-4°, sur papier grand-jésus vélin superfin. Cet important ouvrage se publie par livraison de six feuilles de texte et six planches coloriées; quatre sont en vente. Prix de la livraison, 15 fr.

Mémoires de la société de physique et d'histoire naturelle de Genève, rédigés par MM. Boissier, professeur; De Candolle, professeur; Delarive, professeur; De Saussure, professeur; De Luc; Dufour, colonel du génie; Dumas; Choisy; Gautier, professeur; Marcet; Mayor, docteur-chirurgien; Moricand; Macaire fils; Necker-de-Saussure, professeur; Pictet, professeur; Prevost, professeur; Prevost, docteur-médecin; Soret; Vaucher, professeur, etc. Trois années et demie de cet important ouvrage sont publiées; elles forment 3 vol. et demi in-4°, ornés de 89 planches gravées. Prix, 75 fr.

Mémoire sur la famille des combretacées, par M. De Candolle, in-4°, avec cinq planches. Prix, 5 fr.

Plusieurs autres Mémoires importants se vendent aussi séparément à la librairie de Roret, rue Hautefeuille, n° 10 *bis*.

Nouvelles annales des nouveautés botaniques, ou Herbier du cultivateur, renfermant la description botanique, la culture, et une figure gravée et coloriée d'après nature, de toutes les plantes nouvelles, rares ou peu connues, à mesure qu'elles sont introduites dans les jardins de la France, et particulièrement dans les jardins royaux de Neuilly, sous la direction de M. Jacques; dans les serres du Jardin des Plantes, confiées aux soins de M. Neumann; dans les établissements de MM. Noisette, Celse, Lémon, etc.; rédigé par M. Boitard.

Il paraît douze livraisons par an.

La livraison se compose de deux planches coloriées, in-8°, et d'un texte sur même papier.

Prix de la livraison, 1 fr. 5o cent.

Cet ouvrage est remarquable par le choix des plantes nouvelles ou rares, figurées et décrites; par l'exécution des gravures et par leur coloris. L'auteur a eu l'ingénieuse idée de ne pas mettre de pagination aux descriptions, ce qui laisse aux botanistes la facilité de classer les plantes selon tel système qu'ils adopteront.

Tableau de la distribution méthodique des espèces minérales, suivie dans le cours de minéralogie fait au Muséum d'Histoire naturelle en 1833, par M. Alexandre Brongniart, professeur. Brochure in-8°, 2 fr.

Paris. — Imprimerie de Jules Didot l'aîné, rue du Pont-de-Lodi, n° 6.

COLLECTION DE MANUELS

FORMANT UNE ENCYCLOPÉDIE DES SCIENCES ET ARTS, FORMAT IN-18,
PAR UNE RÉUNION DE SAVANTS ET DE PRATICIENS:

MM. Amoros, directeur du Gymnase; Arsenne, peintre; Boisduval, naturaliste; Bosc, de l'Institut; Choron, directeur de l'Institut royal de musique; Julia-Fontenelle, professeur de chimie; Lacroix, membre de l'Institut; Launay, fondeur de la colonne de la place Vendôme; Sébastien Lenormand, professeur de technologie; Lesson, correspondant de l'Institut; Riffault, ancien directeur des poudres et salpêtres; Richard, professeur; Terquem, professeur aux écoles royales; Thillaye, professeur de chimie; Toussaint, architecte; Vergnaud, etc., etc.

Tous les Traités se vendent séparément. Les suivants sont en vente; les autres paraîtront successivement. Pour les recevoir francs de port, on ajoutera 50 c. par volume in-18. La plupart des volumes sont de 300 à 400 pages.

Manuel d'Astronomie, 2 fr. 50 c. — D'Arpentage et Art de lever les plans, 2 fr. 50 c. — Arithmétique, 2 fr. 50 c. — Algèbre, 3 fr. 50 c. — Géométrie, 3 fr. 50 c. — Chimie, 3 fr. 50 c. — Chimie amusante, 3 fr. — Mécanique, 3 fr. 50 c. — Mathématiques amusantes, 3 fr. — Produits chimiques, 2 vol., 7 fr. — Constructeur de Machines à vapeur, 2 fr. 50 c. — Optique, 2 vol., 6 fr. — Physique, 2 fr. 50 c. — Physique amusante, 3 fr. — Sorciers ou Magie blanche dévoilée, 3 fr. — Météréologie, 3 fr. 50 c. — Électricité, Paratonnerres et Paragrêles, 2 fr. 50 c. — Dessinateur, 3 fr. — Perspective, 3 fr. — Constructeur de Cartes, 3 fr. — Géographie, 3 fr. 50 c. — Voyageur dans Paris, 3 fr. — Voyageur aux environs de Paris, 3 fr. 50 c. — Bonne compagnie, 2 fr. 50 c. — Jeunes gens, ou Sciences et Arts, et Récréations qui leur conviennent, 2 vol., 6 fr. — Demoiselles, ou Arts et Métiers qui leur conviennent, 3 fr. — Danse, 3 fr. 50 c. — Gymnastique, 2 gros vol. et atlas, 10 fr. 50 c. Jeux de société, 3 fr. — Jeux de Calculs, ou Académie des jeux, 3 fr. — Calligraphie, ou l'Art d'écrire, 3 fr. — Style épistolaire, 3 fr. — Philosophie expérimentale, 3 fr. 50 c. — De l'Orthographiste, 2 fr. 50 c. — Biographie, 2 vol., 6 fr. — Histoire naturelle, ou *Genera* complet, contenant les trois règnes de la nature, 2 vol., 7 fr. — Minéralogie, 3 fr. 50 c. — Botanique élémentaire, 3 fr. 50 c. — Flore française, 3 vol., 10 fr. 50 c. — Histoire des Crustacés, 2 vol., 6 fr. — Entomologie, ou Histoire naturelle des Insectes, 2 vol., 7 fr. — Mollusques et Coquilles, 3 fr. 50 c. — Ornithologie, ou Histoire des Oiseaux, 2 vol., 7 fr. — Mammalogie, ou Histoire naturelle des Mammifères, 3 fr. 50. c. — Histoire naturelle médicale, 2 vol., 6 fr. — Naturaliste, ou l'Art d'empailler les animaux, 2 fr. 50 c. — Habitants de la campagne, 2 fr. 50 c. — Herboriste, Épicier, Droguiste et Graineier-Pépiniériste, 2 vol., 7 fr. — Physiologie végétale, 3 fr. — Cultivateur français, 2 vol., 5 fr. — Cultivateur forestier, 2 vol., 6 fr. — Jardinier, 2 vol., 5 fr. — Jardinier des primeurs, 3 fr. — Abeilles, Vers à Soie, 3 fr. — Zoophile, ou l'Art d'élever les animaux domestiques, 2 fr. 50 c. — Destructeur des animaux nuisibles, 3 fr. — Chasseur, 3 fr. — Gardes-Champêtres, 2 fr. 50 c. — Propriétaire et Locataire, 2 fr. 50 c. — Praticien, ou Traité de la science du Droit, 3 fr. 50 c. — Des Officiers municipaux, 3 fr. — Poids et Mesures, 3 fr. — Contributions directes, 2 fr. 50 c. — Gardes nationaux, 1 fr. 25 c. — Sapeur-Pompier, 1 fr. 50 c. — Hygiène, ou l'Art de conserver sa santé, 3 fr. — Daniel, ou Art de la Toilette, 3 fr. — Maitresse de Maison et la Parfaite Ménagère, 2 fr. 50 c. — Economie domestique, 2 fr. 50 c. — Gardes-Malades, ou l'Art de se soigner et de soigner les autres, 2 fr. 50 c. — Médecine et Chirurgie domestiques, 3 fr. 50 c. — Vétérinaire, 3 fr. — Amidonnier et Vermicellier, 3 fr. — Architecture, ou Traité de l'Art de bâtir, 2 vol., 7 fr. — Toisé des Bâtiments, 2 fr. 50 c. — Artificier, Salpêtrier, Poudrier, 3 f. — Armurier-fourbisseur, 3 fr. — Banquier, Agent du Change et Courtier, 2 fr. 50 c. — Bijoutier, Joaillier et Orfèvre, 2 vol., 7 fr. — Blanchiment et blanchissage, 3 fr. 50 c. — Bonnetier et Fabricant de bas, 3 fr. — Bottier et Cordonnier, 3 fr. — Boulanger et Meunier, 3 fr. 50 c. — Bourrelier et sellier, 3 fr. — Brasseur, 2 fr. 50 c. — Cartonnier, Cartier et Fabricant de cartonnage, 3 fr. — Charpentier, 3 fr. 50 c. — Chamoiseur, Maroquinier, Peaussier et Parchemenier, 3 fr. — Chandelier et Cirier, 3 fr. — Charcutier, 2 fr. 50 c. — Charron et Carrossier, 2 vol., 6 fr. — Chaufournier, Art de faire les mortiers, ciments, etc., 3 fr. — Coiffeur, 2 fr. 50 c. — Cuisinier et Cuisinière, 2 fr. 50 c. — Distillateur, liquoriste, 3 fr. — Fabricant d'Étoffes imprimées et de Papiers peints, 3 fr. — Fabricant de Draps, 3 fr. — Fabricant d'Huiles, 3 fr. — Fabricant de Chapeaux en tous genres, 3 fr. — Fabricant de papier, 2 vol. et atlas, 10 fr. 50 c. — Fabricant de Sucre, 3 fr. 50 c. — Ferblantier et Lampiste, 3 fr. — Fleuriste et Plumassier, 2 fr. 50 c. — Fondeur sur tous métaux, 2 vol., 7 fr. — Maître de Forges, 2 vol., 6 fr. — Graveur en tous genres, 3 fr. — Horloger, 3 fr. 50 c. — Imprimeur en lettres, 3 fr. — Limonadier, Confiseur, 2 fr. 50 c. — Lithographie, 3 fr. — Marchand de Bois et de Charbons, 3 fr. — Mécanicien, Fontainier, Plombier, 3 fr. — Menuisier et Ébéniste, 2 vol., 6 fr. — Mouleur en plâtre, 2 fr. 50 c. — Mouleur en médailles, 1 fr. 50 c. — Négociant et Manufacturier, 2 fr. 50 c. — Parfumeur, 2 fr. 50 c. — Pharmacie populaire, 2 vol., 6 fr. — Marchand Papetier et Régleur, 3 fr. — Pâtissier, 2 fr. 50 c. — Pêcheur, 3 fr. — Peintre en bâtiments, 2 fr. 50 c. — Peintre en Miniature, Gouache, Lavis à la sepia et à l'aquarelle, 3 fr. — Peintre d'histoire et Sculpteur, 2 vol., 6 fr. — Poêlier-Fumiste, 3 fr. — Porcelainier, Faïencier, Potier de terre, 2 vol., 6 fr. — Relieur, 3 fr. — Savonnier, 3 fr. — Serrurier, 3 fr. — Tailleur d'habits, 2 fr. 50 c. — Tanneur-Corroyeur, 3 fr. 50 c. — Tapissier, Décorateur et Marchand de Meubles, 2 fr. 50 c. — Teinturier-Dégraisseur, 3 fr. — Teneur de Livres en partie simple et en partie double, 3 fr. — Tourneur, 2 vol., 6 fr. — Verrier, Fabricant de Glaces, Cristaux, 3 fr. — Vigneron et Art de faire le vin, 3 fr. — Jaugeage et Débitants de boissons, 3 fr. — Vinaigrier-Moutardier, 3 fr.

(Pour plus de détails, voir le Catalogue qui se distribue gratis chez l'Éditeur.)

Ouvrages sous presse.

MANUEL COMPLÉMENTAIRE D'ALGÈBRE, comprenant la théorie et la résolution des équations; la théorie des dérivées directes et inverses, avec les principales applications à la géométrie, à la mécanique et au calcul des probabilités.

— DU BIBLIOPHILE ET DE L'AMATEUR DE LIVRES, par M. F. Denis.

— DU COUTELIER.

— DE CHRONOLOGIE.

— D'ECONOMIE POLITIQUE.

— DU FILATEUR EN GÉNÉRAL ET DU TISSERAND.

— DU FACTEUR D'ORGUES.

— DE GEOLOGIE.

— DE GEOGRAPHIE-PHYSIQUE.

— COMPLÉMENTAIRE DE GEOMETRIE, comprenant la géométrie descriptive, et ses applications principales à la stéréotomie, à la stéréographie et à la topographie.

— DE L'INGÉNIEUR GEOGRAPHE.

— DU LAVETIER ET DE L'EMBALLEUR.

— COMPLÉMENTAIRE DE MECANIQUE, ou Mécanique-physique, comprenant les frottements, les adhésions, les engrenages; la théorie des lignes, surfaces et corps élastiques et vibrants; la résistance des solides et des fluides; l'équilibre et le mouvement des fluides pondérables et impondérés.

— DU MAÇON, PLATRIER, PAVEUR, CARRELEUR, COUVREUR.

— DE MUSIQUE VOCALE ET INSTRUMENTALE, par M. Choron.

— DE MNEMONIE.

— DE L'ART MILITAIRE.

— DE METALLURGIE.

— DU TONNELIER-BOISSELIER.

— DU TREFILEUR.

A PARIS, CHEZ RORET, LIBRAIRE, RUE HAUTEFEUILLE, N° 10 bis.

FAUNE ENTOMOLOGIQUE

DE MADAGASCAR, BOURBON ET MAURICE.

LÉPIDOPTÈRES.

DE L'IMPRIMERIE DE JULES DIDOT L'AINÉ,
RUE DU PONT-DE-LODI, N° 6.

FAUNE ENTOMOLOGIQUE

DE MADAGASCAR, BOURBON ET MAURICE.

LÉPIDOPTÈRES.

PAR LE DOCTEUR BOISDUVAL,

MEMBRE DE PLUSIEURS SOCIÉTÉS SAVANTES NATIONALES ET ÉTRANGÈRES.

AVEC DES NOTES SUR LES MOEURS,

PAR M. SGANZIN,

CAPITAINE D'ARTILLERIE DE MARINE COMMANDANT LE FORT DE SAINTE-MARIE

PARIS,

A LA LIBRAIRIE ENCYCLOPÉDIQUE DE RORET,

RUE HAUTEFEUILLE, N° 10 *bis*.

1833.

CONSIDÉRATIONS GÉNÉRALES.

Dans l'état actuel de nos connoissances, entourés, comme
nous le sommes, d'immenses collections qui vont sans cesse
en s'accroissant, la science n'a peut-être pas moins besoin de
faunes locales que de monographies, de genre, de tribu ou
de famille. Il existe sur diverses contrées de l'Europe des travaux
précieux de ce genre, qui ont mérité à leurs auteurs la reconnoissance des savants. Mais à peine si de foibles essais de même
nature ont été tentés pour ces riches contrées dont les animaux
viennent sans cesse encombrer nos Musées. Merian pour Surinam, Lewin et Donovan pour la Nouvelle-Hollande, Horsfield
pour Java, Klüg pour l'Arabie et le Dongola, et quelques autres encore sont entrés dans la voie dont je parle et ont publié
des ouvrages plus ou moins complets, et par conséquent plus ou
moins utiles. L'essai que j'offre aux entomologistes sur les lépidoptères de Madagascar, Maurice et Bourbon sera accueilli, sans
doute, avec la même indulgence, tout incomplet qu'il est sur le
premier de ces pays, où une sorte de fatalité, encore plus que
le climat, a, jusqu'à ce jour, entravé les recherches des naturalistes.

Le petit nombre de ceux qui l'ont visité n'ont pu s'avancer
dans l'intérieur qu'à une foible distance du littoral, sans parler
de ceux qui y ont trouvé la mort pour prix de leur zèle. En effet,
tandis que toutes les autres terres, découvertes par les Européens,
devenoient presque aussitôt leur propriété, et que la civilisation
s'y introduisant peu à peu en faisoit un théâtre plus ou moins
facile de recherches scientifiques, Madagascar restoit à l'écart

comme une terre interdite aux nations de l'Europe, qui envahissoient les pays qui l'avoisinent. Découverte en 1506 par les Portugais, et aussitôt abandonnée par eux, un siècle et demi s'écoule avant que la France songe à y fonder quelques établissements, dans la partie sud, au fort Dauphin. L'histoire de ces établissements n'est elle-même qu'une suite de désastres, de revers, de démêlés sanglants avec les naturels, qui eussent suffi pour en bannir les paisibles recherches des amis de l'histoire naturelle, si l'esprit de cette époque eût été tourné vers ces sortes de poursuites. Quelques hommes, cependant, frappés des productions singulières de cette contrée, en touchèrent quelque chose dans les écrits qu'ils publièrent; mais, outre que l'entomologie étoit encore à naître, il suffit de nommer les Cauche et les Flacourt pour juger de ce que l'on eût pu attendre de ces observateurs, s'ils se fussent occupés de cette branche des sciences. Le seul voyageur antérieur à nos jours, que l'on puisse citer, est l'infatigable Commerson, qui, vers le milieu du dernier siècle, fit un séjour au fort Dauphin, et y récolta quelques insectes qu'Olivier a fait connoître. Fabricius en reçut également quelques autres d'hommes dont le nom nous est inconnu, et qui, sans doute, les avoient recueillis sans y attacher la moindre importance. On peut en dire autant d'une ou deux espèces figurées par Cramer ou par Drury. Pour voir l'entomologie de Madagascar sortir enfin des ténèbres presque complètes dans lesquelles elle étoit plongée, il faut arriver jusqu'à ces dernières années, lorsque la France, voulant réparer la perte de l'ancien établissement du fort Dauphin, et consolider les postes précaires qu'elle avoit conservés à Tamatave et Foule-Pointe, sur la côte orientale, tenta de coloniser la petite île de Sainte-Marie, un peu au nord de ces deux points et à deux lieues de la grande terre. Plus tard, lorsqu'en 1828 la guerre fut déclarée aux Hovas, Tintingue fut occupé, et vit s'élever un village fortifié, qui, dix-huit mois plus tard, fut abandonné et livré aux flammes. Ces diverses tentatives de colonisation et la guerre contre les Hovas, qui dure encore en ce moment, n'ont eu que des résultats funestes sous le rapport commercial et politique; mais l'histoire naturelle et notamment l'entomologie en ont profité jusqu'à un certain point. Cette dernière étant répandue aujourd'hui dans toutes les classes de la société, même parmi celles qui sembleroient devoir lui être le plus étrangères, il s'est trouvé, parmi les colons de Sainte-Marie et les militaires de l'expédition, des hommes qui consacroient à cette étude paisible leurs instants de loisir; et c'est à l'un d'eux que je signale à la reconnoissance des entomologistes que je dois une partie des espèces qui figurent dans cet ouvrage. M. Sganzin, capitaine d'artillerie de marine et ex-commandant de l'île de Sainte-Marie, est cette personne; et, pour rendre justice à tous, je placerai à côté de son nom celui d'un jeune voyageur, M. Goudot, qui a visité Madagascar à l'instant où la guerre avec les Hovas alloit éclater, et qui, y étant retourné depuis, s'y trouve au moment où j'écris. Aujourd'hui, que l'espoir de la paix est perdu pour long-temps dans ce pays, et que la présence des étrangers, et des Français plus particulièrement, y est à peine tolérée, il est probable que cette source de richesses, pour nos collections, est tarie pour un temps illimité. C'est un des motifs qui m'a engagé à rassembler toutes les espèces de lépidoptères que l'on connoît de ce pays, et à les publier, afin de dresser, en quelque sorte, l'état de nos collections sur cette contrée. On remarquera que toutes appartiennent au littoral, à quelques lieues à peine de distance dans l'intérieur. Ce dernier est complétement inconnu; le peu de voyageurs qui l'ont visité, ayant eu toute autre chose que les sciences en vue, ou les résultats de leurs travaux ne m'étant pas connus, malgré mes efforts pour en découvrir la trace. Les collections de l'Angleterre renferment, à ma connoissance, moins d'espéces de Madagascar que les nôtres, quoique les Anglais soient presque les seuls qui aient résidé assez long-temps à Tananarive, capitale du royaume des Hovas, à 80 lieues du littoral.

L'entomologie a été plus heureuse à Maurice et Bourbon. Le peu d'étendue de ces îles, leur ancienne civilisation, le nombre d'hommes éclairés qu'elles possèdent, et enfin les nombreux voyageurs qui y abordent sans cesse, tout a concouru à en faire connoître les productions naturelles; et, sans vouloir juger moi-même cet ouvrage, je crois que par la suite on aura peu d'espéces de lépidoptères à ajouter à celles dont je donne la description. Cette assertion, toutefois, ne regarde que les diurnes; car, pour les nocturnes, qui peut se flatter de connoître toutes celles d'un pays lointain, si borné soit-il, lorsque chaque jour on en découvre de nouvelles dans les parties de l'Europe les plus explorées par une foule de naturalistes?

A ces considérations, en quelque sorte purement historiques, je voudrois pouvoir joindre des détails précis sur la végétation de ces trois contrées, en tant qu'elle se lie à l'histoire des lépidoptères, ou, en d'autres termes, désigner quelles sont les plantes dont chaque espéce, sous son premier état, fait sa nourriture spéciale; mais ici, je l'avoue, les matériaux me manquent presque totalement : des données générales fondées, soit

sur des observations directes, soit sur des analogies incontesta-
bles, sont tout ce que je puis offrir à mes lecteurs dans ce genre,
et je ne me dissimule pas combien elles sont bornées. Ainsi
je puis assurer qu'à Madagascar, Maurice et Bourbon, comme
dans l'Amérique du sud, la plupart des espèces du genre *Papilio*
et de ses subdivisions récemment établies (*ornithoptera, endo-
pogon,* etc.) vivent à l'état de chenilles sur les orangers; celle des
genres *Danais* et *Euplœa* sur les *nerium,* les *asclepias* et autres
apocynées, etc. Mais pour la majeure partie des espèces, il
me seroit impossible de déterminer quels sont les végétaux
dont elles font leur nourriture particulière, sur-tout pour celles
qui, vivant au sommet des arbres, se dérobent aux recherches
les plus assidues, ou que d'autres particularités de mœurs mettent dans une situation analogue. La même pénurie de docu-
ments existe sur les métamorphoses de ces insectes. Cette partie
si essentielle de la lépidoptérologie, sans laquelle il ne peut
exister de classification naturelle des genres, est encore dans
l'enfance pour les contrées hors de l'Europe, et sur-tout pour
l'Afrique et pour l'Inde, bien que M. Horsfield, dans son beau
travail sur l'île de Java, nous ait donné quelques renseignements
précieux à cet égard, et que nous possédions dans nos musées
quelques chenilles et autant de chrysalides de ces pays. Les analogies dont j'ai parlé peuvent seules nous servir de guides dans
cette partie, jusqu'à ce que des observations directes viennent
ou les confirmer ou les détruire. Quelques unes assez impor-
tantes sont déja en notre possession, et je signalerai particulièrement la description de la chenille de l'*urania rhiphœus,* que je
donne d'après M. Sganzin, qui en a élevé un grand nombre,
et qui a pris une note exacte de leur forme et de leurs couleurs.

Cette observation est d'autant plus précieuse, qu'elle con-
corde avec celle faite par Mlle Mérian, sur la chenille d'une
autre espèce du même genre, *urania Leilus,* commune à Surinam, et dont elle a donné une figure dans son ouvrage, qui,
jusqu'à présent, avoit paru douteuse. Maintenant nous pouvons
être certains que la chenille de ce genre est semi-arpenteuse,
avec des épines, comme dans les Nymphalides, et des tentacules rétractiles, comme dans les *Papilio;* ce qui achève de
le rendre singulièrement anomal.

Sous le rapport de la géographie des insectes, les trois pays
dont nous donnons la faune, offrent des particularités intéres-
santes à étudier, et qui peuvent jeter un grand jour sur cette partie, à peine ébauchée, de l'entomologie. Par leur situation géographique, tous trois appartiennent au continent africain, et leurs
productions devroient, par conséquent, avoir la plus grande analogie avec celles de ce dernier, ainsi que cela a lieu dans l'océan
Atlantique pour les îles du Cap-Vert et Canaries; mais cela n'est
vrai en partie que pour Madagascar. Si ses lépidoptères ont en
général les plus grands rapports spécifiques avec ceux de l'Afrique, par une bizarrerie assez singulière, ce n'est pas avec ceux
du Cap de Bonne-Espérance, qui en est assez voisin, mais bien
avec les espèces des contrées africaines les plus éloignées, telles
que le Sénégal, Sierra-Leone, etc. Quelques unes sont identiques; d'autres tellement voisines, qu'il faut y regarder de bien
près pour s'apercevoir de leurs caractères différentiels. Les premiers, par conséquent, ont traversé tout le continent de l'Afrique sur une zone dont nous ignorons la largeur, mais qui, sans
aucun doute, doit être limitée par les tropiques; tandis que pour
les seconds la nature, sur le point de passer au type indien,

semble avoir voulu créer auparavant des races intermédiaires plus voisines du type qu'elle alloit abandonner, que de celui qu'elle étoit sur le point d'imprimer à ses productions. Une nouvelle preuve de la fréquence de ces identités entre les espèces de contrées séparées par d'immenses intervalles est encore fournie par les lépidoptères recueillis à Dongola par Erhenberg, décrits et figurés par Klüg dans son *Symbolæ physicæ*, qui sont en grande partie les mêmes que ceux du Sénégal. Nous pourrions dire la même chose de beaucoup de coléoptères.

Le changement de type dont je parle se fait sentir encore plus vivement lorsqu'on atteint Maurice et Bourbon, malgré la foible distance qui sépare ces îles de Madagascar; quelques espèces sont encore semblables à celles de ce dernier pays, et par conséquent ont une physionomie africaine. Mais le type indien se prononce davantage, et dans quelques lépidoptères de Maurice on pressent déjà les formes de la côte de Malabar, du Bengale, de Ceylan, de Java, et des autres îles de la Sonde. Ces analogies typiques sont, je l'avoue, fugitives parfois et difficiles à saisir, mais elles n'en existent pas moins pour un œil exercé, et j'insiste sur elles, parcequ'à mesure que nous nous élevons vers la connoissance générale des êtres, il devient plus indispensable d'apprécier l'influence des climats sur leurs espèces. Toute la philosophie zoologique est là. En entomologie les lépidoptères sont aux autres ordres ce que les oiseaux sont aux mammifères. Doués la plupart d'un vol puissant, ils peuvent franchir d'énormes distances, et se propager au loin sans qu'il soit besoin, pour expliquer leur présence simultanée sur des pays séparés par de telles distances, de recourir à l'hypothèse de créations identiques et isolées que je suis loin, du reste, de vouloir nier complétement. C'est dans le même but que j'ai fait précéder ma faune de l'Océanie, annexée à la partie entomologique du voyage de *l'Astrolabe*, d'un tableau géographique des espéces d'insectes de la Polynésie, et que je continuerai par la suite mes travaux dans cette voie.

Je n'ajouterai plus qu'un mot sur le plus ou moins d'abondance des lépidoptères dans les trois pays dont je parle. Madagascar, sous ce rapport, n'a rien à envier aux contrées les plus favorisées du globe ; et bien que, par analogie à ce qui a lieu en Amérique, je soupçonne que l'intérieur de cette île immense est moins riche que le littoral, je crois que cette différence n'est pas assez considérable pour altérer l'opinion que je viens d'émettre. Tamatave, Féneriffe, Foule-Pointe, Tintingue, les seuls points sur lesquels nous ayons des renseignements exacts, sont représentés d'un commun accord par les voyageurs, comme la terre promise de l'entomologiste. Des coléoptères, d'une beauté remarquable, se présentent en foule à ses regards, et les lépidoptères ne lui offrent pas des récoltes moins abondantes. De magnifiques *papilio*, de nombreuses espéces d'*acræa*, des *Euplœa*, des *Danais*, des *Urania*, des *Cyrestis*, des *Xanthidia*, tous ces genres, en un mot, étrangers à nos climats, embellissent de leurs formes élégantes et de leurs couleurs splendides les forêts marécageuses et pestilentielles de Madagascar, et le disputent, par leur beauté, à cette végétation puissante qui fait l'admiration du botaniste.

A Maurice et Bourbon le même spectacle n'a lieu qu'en partie ; ces îles bornées subissent la loi générale, qui veut que les portions de terre, entourées par l'océan, soient sur un rang inférieur aux continents qui les avoisinent, à moins que par leur étendue elles ne soient elles-mêmes des espèces de continents, ou que dans l'origine elles n'aient fait partie de terres immenses dont les révolutions du globe les ont séparées, auquel cas elles conservent les mêmes productions que le sol auquel elles appartenoient : or, les deux îles en question ne peuvent se ranger dans cette catégorie. L'absence de roches primitives et la présence de volcans non éteints, annoncent qu'elles sont sorties, à une époque inconnue, mais assez récente, du sein de l'océan. En outre, d'autres causes ont contribué à diminuer leurs richesses entomologiques. La sécheresse comparative de leur sol, qui n'est arrosé, comme celui des îles de médiocre étendue, que par un petit nombre de ruisseaux nés des vapeurs attirées par les forêts et les pitons des montagnes ; les ravages opérés dans la végétation par la main de l'homme ; la présence d'un grand nombre d'oiseaux insectivores, etc., sont les principales raisons qui les rendent si peu abondantes en lépidoptères. En effet, dans ces deux îles on ne connoît pas encore une *pieris*, pas une *colias*, pas une *acræa*, etc.; chacune d'elles nourrit, sur ses orangers, une seule espéce de *papilio*. Mais, en revanche, la tribu des Sphingides y est assez riche, presque tous les *sphinx* de Madagascar se trouvent à Bourbon et à Maurice; et nous en connoissons plusieurs, propres à ces deux dernières, qui, jusqu'à présent, n'ont pas été observés à Madagascar. Ce fait prouve ce que nous avons avancé plus haut, que les lépidoptères peuvent se répandre à des distances considérables, sur-tout les espéces qui, comme les *sphinx*, ont un vol puissant et soutenu.

Les environs des habitations offrent, comme en Amérique, certaines espèces qui semblent par-tout rechercher le voisinage des défrichements, telles que les *Danais*, les *Euplœa*, les Lycénides, etc.; mais c'est dans l'intérieur des forêts encore vierges qu'il faut chercher la plupart des Nymphalides. Quant aux nocturnes, presque tous habitent les mêmes lieux que les dernières dont je viens de parler, et ne se rapprochent de la demeure de l'homme qu'attirés le soir par la lumière des appartements.

Je crois devoir ajouter à ces généralités quelques détails sur les sources d'où proviennent les matériaux qui m'ont servi pour ce travail, dont l'idée première remonte à une époque assez ancienne, mais dont j'avois ajourné l'exécution, ne possédant pas une quantité d'espèces suffisante, sur-tout pour Madagascar. M. Goudot, que j'ai déja mentionné, revint en France, en 1829, avec une collection assez riche de ce pays et de Bourbon, et j'acquis de lui un assez bon nombre d'espèces nouvelles. En 1831, M. Poutier, officier de marine, rapporta de Bourbon également une quantité considérable de lépidoptères et quelques espèces recueillies à Tintingue, dont il me fit don. Enfin, tout récemment, M. Sganzin, dont j'ai aussi parlé plus haut, ayant rapporté non seulement une nombreuse collection de lépidoptères de Maurice, Bourbon et Madagascar, mais encore des notes sur les métamorphoses de ces insectes, leurs mœurs, les époques de leur apparition, et leur plus ou moins de rareté, j'ai pensé que je pouvois exécuter le projet que je méditois depuis long-temps. M. Sganzin ayant remis toutes ses notes à ma disposition, tout ce qui a rapport aux points ci-dessus lui appartient en propre, et il en garde l'honneur et la responsabilité. Je ne puis revendiquer que la partie méthodique, synonymique et descriptive qui est mon ouvrage en entier.

J'ai également eu à ma disposition les envois faits à M. Dejean par M. Desjardins, de Maurice, et la belle collection de lépidoptères, faite dans ce dernier pays par M. Marchal, qui m'ont mis à même d'établir des points de comparaison entre un plus grand nombre d'individus.

Je dois, en outre, à M. Marchal des remerciements particuliers pour l'obligeance qu'il a mise à me communiquer non seulement tous les insectes de sa collection, mais encore les notes qu'il a recueillies sur les lieux, pendant un séjour de dix années.

Quelques personnes s'étonneront peut-être des noms que j'ai imposés à la plupart des espèces nouvelles. J'ai suivi en cela l'exemple donné par M. Horsfield dans son ouvrage sur Java. Il seroit à desirer que, dans l'origine, au lieu d'affubler des noms de la fable, les lépidoptères de toutes les parties du globe, on leur en eût donné qui rappelassent un peu les contrées dont ils proviennent.

Je me propose de donner, par la suite, un supplément à cet ouvrage, lorsque de nouvelles espèces du pays ci-dessus parviendront à ma connoissance, en nombre suffisant, pour servir de base à un travail de ce genre.

Docteur BOISDUVAL.

RHOPALOCÈRES.

PAPILLONIDES.

GENRE PAPILIO.

1. P. Brutus.

Alis albido-sulphureis caudatis; anticis supra extimo, posticis maculis, nigris;
his subtus fascia fusca, media, transversa.

Fabr. *Ent. Syst.* t. 3. n° 65.
God. *Encycl. méth.* 9. p. 69. n° 122.
Herbst. *Pap.* tab. 46. fig. 1: 2.
Pap. merope. Cram. 151. A. B. et 378. D. E.

Il se trouve dans les bois aux environs de Tamatave, d'où il a été rapporté
par M. Goudot. Il habite aussi le Cap de Bonne-Espérance, le pays des Hottentots et Mozambique; sur la côte occidentale d'Afrique il remonte jusqu'au
Sénégal.

Il y a des variétés dans lesquelles les trois taches noires du milieu des
secondes ailes sont remplacées en dessus par une bande de cette couleur.
Dans d'autres variétés la queue est très courte, et réduite à une dent plus
prononcée que les autres. Tous les individus de Madagascar que nous avons
été à même d'observer avoient une queue spatulée et bien prononcée.

2. P. Demoleus.

Alis nigris flavo maculatis; posticis dentatis, fascia flava, subrecta; ocello ani
dimidiatim cœruleo rufoque.

Linn. *Syst. nat.* 2. n° 47.
Fabr. *Ent. Syst.* t. 3. n° 53.
God. *Encycl. méth.* t. 9. p. 43. n° 52.
Cram. 231. A. B.

Il se trouve à Madagascar et à Sainte-Marie. Il habite aussi le Cap de
Bonne-Espérance; il remonte fort loin le long de la côte occidentale et de la
côte orientale de l'Afrique

Il est très voisin de l'*Epius* qui habite la Chine et le Bengale, mais il s'en distingue facilement par la bande qui traverse les ailes inférieures.

Sa chenille est jaune, lisse, avec la tête roussâtre. Elle vit sur les orangers.

3. P. Epiphorbas. Pl. 1. fig. 1.

Mas : *alis dentatis, atris, cœruleo maculatis; posticis breviter caudatis; his subtus maculis tribus quatuorve externis seriatim digestis arcuque anali, albis.*
Femina : *subtus fusca, fascia submarginali fusco-margaritacea.*

Il a de très grands rapports avec le *Phorbanta*, et il pourroit bien n'être qu'une modification locale de cette espéce.

Ses quatre ailes sont dentelées, d'un noir foncé en dessus avec les échancrures un peu blanchâtres. Sur le milieu des premières ailes il y a une grande tache bleue, disposée transversalement, et coupée par les nervures. Près du sommet sont deux ou trois petites taches du même bleu. Les ailes inférieures ont une queue plus ou moins prononcée, et leur milieu offre une grande tache bleue, atteignant presque le bord d'en haut, se terminant en pointe un peu avant l'angle anal, sinuée sur son côté externe, partagée par des nervures de la même couleur. Parallélement au bord externe on observe un rang de points bleus ovales ou arrondis, dont les inférieurs groupés deux à deux.

Le dessous des quatre ailes est d'un brun noirâtre, sans taches aux supérieures; celui des inférieures présente dans la cellule une éclaircie d'un gris violâtre, luisante, plus ou moins apparente, et près du bord externe une rangée de deux à cinq points blancs arrondis, alignés; tout-à-fait à l'angle anal est un croissant de la même couleur.

La femelle diffère du mâle en ce que les taches sont souvent d'un bleu plus verdâtre, moins bien détachées du fond qui est plus terne et moins noir; en ce qu'il y a sur les quatre ailes, ou au moins sur les inférieures, une série marginale de taches bleues, quelquefois disposées sur deux rangs. En dessous elle est d'un noir brun, avec une large bande marginale d'un gris de perle un peu violâtre, bordée intérieurement par quelques grosses taches noirâtres un peu sagittées, et se fondant presque avec la couleur du fond. Le milieu des ailes inférieures offre une éclaircie plus prononcée que dans le mâle, et de la teinte de la bande marginale.

Il se trouve à Sainte-Marie et à Madagascar.

4. P. Phorbanta.

Mas : *alis dentatis, cœruleo maculatis ; posticis breviter caudatis ; his subtus fascia submarginali albida , nervis divisa.*

Femina : *subtus fusca fascia lata submarginali fusco-margaritacea.*

Linn. *Mant.* p. 535.
Fabr. *Ent. Syst.* 3. n° 17.
Herbst. *Pap.* tab. 12. f. 3.
God. *Encycl. méth.* p. 47. n° 66.
Pap. Manlius? Fabr. Suppl. *Ent. Syst.* p. 422.
Pap. Gracchus? Fabr. Suppl. *Ent. Syst.* p. 422.

Il est impossible de savoir au juste si les *P. Manlius* et *Gracchus* de Fabricius se rapportent à cette espéce ou à la précédente. Il est évident qu'il a fait deux espéces du mâle et de la femelle; mais comme il n'a rien connu de Madagascar, nous pensons que c'est bien le *Phorbanta* de Linné qu'il a été à même de décrire, et qu'il n'a osé rapporter ni l'un ni l'autre à cette espéce, parcequ'il a cru, sur de faux renseignements, qu'elle habitoit Cayenne.

Le mâle est à-peu-près en dessus comme *Epiphorbas*. En dessous il est de même d'un brun noirâtre ordinairement sans taches aux ailes supérieures, avec une douzaine de gros points d'un blanc-luisant un peu jaunâtre aux inférieures. Ces points composent, par leur réunion, une rangée presque marginale, correspondante à celle du dessus. Il y a en outre une lunule blanche sur le bord interne près de l'angle anal.

La femelle a beaucoup de rapports avec le mâle en dessus, mais les taches sont d'un vert-de-gris luisant; celles du sommet des ailes supérieures sont suivies de trois points de leur couleur, celles du limbe des secondes ailes sont lunulées comme dans *Epiphorbas*. En dessous le limbe postérieur de chaque aile a une large bande d'un gris de perle, peu prononcée; le milieu des secondes a une bande semblable, plus courte. En un mot la femelle ressemble beaucoup à celle d'*Epiphorbas*.

Il se trouve communément à Maurice. Il vit sur les orangers.

5. P. Disparilis. Pl. 1. fig. 2.

Mas : *alis dentatis, cœruleo maculatis; posticis breviter caudatis; his subtus fascia submarginali albida nervis divisa.*

Femina : *supra fusca maculis marginalibus albidis.*

Le mâle est voisin d'*Epiphorbas* et sur-tout de *Phorbanta*. Ses ailes sont dentées, d'un noir foncé avec les échancrures blanches. Il a vers le milieu des ailes supérieures, une tache bleue transversale, sinuée, divisée en trois au-dessous de la nervure médiane; au sommet, ces mêmes ailes ont trois petites taches de la même couleur, dont une plus grande, cunéiforme, touchant le bord postérieur de la cellule. Les secondes ailes ont la queue très courte; leur milieu est traversé par une grande tache bleue, leur bord postérieur est marqué d'une rangée presque marginale de gros points bleus, pas très bien alignés, dont les inférieurs sont groupés deux à deux.

Le dessous est d'un brun noirâtre, avec une douzaine de points d'un blanc jaunâtre luisant, formant une rangée presque marginale correspondante à celle du dessus, et une lunule blanchâtre à l'angle anal, aux ailes inférieures.

La femelle ne ressemble nullement en dessus à celles des espéces précédentes; elle est d'un brun roussâtre, un peu plus obscur vers la base, avec une rangée marginale de taches blanchâtres, beaucoup plus grosses et plus apparentes sur les ailes inférieures, où elles sont en outre marquées d'une espéce de lunule centrale de la couleur du fond. En dessous elle est à-peu-près de la même teinte que celle des·espéces précédentes, et elle offre à-peu-près le même dessin; seulement la bande d'un gris de perle est plus blanche et mieux marquée.

La chenille est un peu raccourcie, d'un vert velouté, tantôt sans taches et tantôt avec une bande blanche, dorsale sur les premiers anneaux; les tentacules rétractiles sont d'un beau rose.

Elle vit sur l'*orangine* (espéce de citronnier).

La chrysalide est verte ou couleur de café au lait, bossue sur le dos, élargie latéralement au milieu, avec la tête coupée carrément et un peu prolongée des deux côtés.

Ce beau papillon paroît presque toute l'année; il ne se trouve qu'à Bourbon, où il est très commun. Il vole sur les balsamines et sur l'orangine presque sans interruption.

6. P. Nireus.

*Alis dentatis, nigris, fascia communi maculisque cœruleis; posticis breviter cau-
datis; his subtus fascia submarginali albida nervis divisa.*

Linn. *Syst. nat.* 2. n° 28.
Fabr. *Ent. Syst.* 3. n° 106.
God. *Encycl. méth.* t. 9. p. 48. n° 67.
Cram. 187. A. B. et 378. F. G.
Drury. *Ins.* 2. pl. 4. 1. 2.

Il est voisin dès précédents par la couleur, mais ses quatre ailes sont traversées par une bande commune, bleue, paralléle et assez étroite. Le reste
comme dans *Disparilis.* En dessous la bande blanche marginale des inférieures est plus large et tout-à-fait continue. La femelle ressemble en dessus
au mâle, seulement le bleu est plus terne et comme verdâtre. En dessous elle
ressemble un peu à la femelle de *Phorbanta.*

Il habite le pays des Hottentots et la côte de Guinée. Suivant M. Goudot, il
se trouve aussi à Madagascar; mais nous craignons que l'individu qu'il a rapporté n'ait été pris au Cap de Bonne-Espérance et confondu ensuite avec les
espéces recueillies à Madagascar.

Les quatre papillons précédents ont entre eux les plus grands rapports;
ils vivent probablement tous sur les orangers. Dans l'Amérique méridionale
on trouve aussi sur les orangers des papillons noirs à taches rouges, qui
offrent entre eux la même affinité. Le genre *Citrus* est de tous les végétaux
celui qui nourrit le plus d'insectes du genre *Papilio.*

GENRE PIERIS. *Lat. God.*

Pontia. *Fab. Ochs.*

Nous ne connoissons aucun lépidoptère de ce genre à Bourbon ni à Maurice; les espéces suivantes sont de Madagascar (1).

1. P. Helcida. Pl. 2. fig. 1 et 2.

Alis supra albis margine lato utrinque nigro; anticis subtus albis basi late calthaceis, posticis ochraceis.

Elle est de la taille de *Brassicæ* et elle a le port de la *Phlidice* du Sénégal. Ses quatre ailes sont blanches avec une bordure noire assez large, un peu sinuée intérieurement.

Le dessous offre la bordure du dessus. Celui des supérieures est blanc avec la côte noirâtre et la base d'un rouge capucine. Celui des inférieures est d'un jaune d'ocre avec l'origine de la côte d'un rouge souci.

La femelle ressemble au mâle en dessus, mais le blanc a un petit reflet violâtre. En dessous ses quatre ailes sont blanches avec la base des supérieures, et l'origine de la côte des inférieures d'un rouge souci.

Elle se trouve à Tamatave, à Tintingue et à Féneriffe.

2. P. Phileris. *Boisd.* Pl. 2. fig. 3. 4 et 5.

Alis subelongatis albis maculis rotundatis marginalibus nigris; subtus concoloribus, anticis basi aurantiacis.

Elle est très voisine d'*Agathina* et de *Poppea*, mais elle est plus grande, et ses ailes ont une texture plus délicate; elles sont aussi un peu plus alongées.

Elles sont blanches, avec une série marginale de gros points noirs. Les supérieures ont le sommet noir et la base jaunâtre.

---

(1) D'après une lettre de Maurice, qui m'a été communiquée tout récemment, il paroît certain que M. Gustave Mayer a pris, en 1832, un lépidoptère blanc ou d'un blanc un peu jaunâtre, de la taille des piérides ordinaires, dont le sommet des premières ailes est brun, et le milieu marqué d'un petit point noir. Est-ce une *Pieris*, ou bien une *Callidryas* près de *Florella?* M. Marchal m'a assuré aussi qu'il avoit vu voler deux fois ce lépidoptère à Maurice, mais qu'il n'avoit pas été assez heureux pour le prendre.

Le dessous ressemble au dessus, mais à la place de la tache noire du sommet il y a trois points qui s'alignent avec les autres. La base des ailes supérieures et l'origine de la côte des inférieures sont en outre d'un jaune orangé.

La femelle diffère du mâle en ce qu'elle est dépourvue en dessous de points marginaux, et que les points des ailes supérieures sont remplacés en dessus par une suite de taches elliptiques alongées formant quelquefois presque une bande continue, divisée au sommet par deux taches blanches alongées et saupoudrées de jaune pâle.

Elle se trouve à Madagascar.

3. P. Orbona. Pl. i. fig. 3.

Alis albis, anticis margine apicali dentato nigro; posticis subtus albido-flaves-centibus, anticis basi flavis.

Elle est à-peu-près de la taille de *Monuste*, et elle ressemble un peu à une espèce américaine décrite par Godart sous le nom d'*Ilaire*, et figurée par Hubner sous celui de *Margarita*. Ses quatre ailes sont blanches. Les supérieures, dont la côte est lisérée de noir, ont à l'extrémité, près du sommet, une bordure noirâtre assez étroite dentée en scie intérieurement. Quelquefois les dents de la bordure sont séparées et forment une suite de taches cunéiformes. Les ailes inférieures sont tantôt sans taches et tantôt avec un petit point noirâtre, marginal, à l'extrémité de chaque nervure.

En dessous elles sont sans taches, mais le fond des ailes inférieures et le sommet des supérieures sont d'un jaune d'ocre blanchâtre, très pâle, la base des supérieures et l'origine de la côte des inférieures sont marquées de jaune citron vif. La femelle nous est inconnue.

Cette espèce se trouve à Sainte-Marie et à Madagascar.

4. P. Malatha. *Boisd.* Pl. i. fig. 4 et 5.

Alis rotundatis albis vel albido-sulphureis margine latiori nigro; anticis basi obscuris apice maculis tribus albis; subtus pallidioribus anticarum basi posti-carum costa luteis.

Elle a le port de la *Phlidice* et de l'*Oromia* du Sénégal. Les quatre ailes du mâle sont blanches ou d'un blanc soufré plus ou moins jaunâtre, avec une bor-

dure noire assez large élargie au sommet des supérieures et dentée intérieurement sur ces mêmes ailes. Outre cela, les premières ailes ont la base et la côte
fortement saupoudrées de noir, et leur sommet est marqué de trois taches
alignées de la couleur du fond, dont l'inférieure quelquefois nulle. Le dessous des ailes est d'un blanc jaunâtre avec la bordure plus pâle et presque
grisâtre, excepté au sommet des supérieures. La base des premières ailes et
l'origine de la côte des secondes sont d'un jaune presque orangé.

La femelle est d'un blanc légèrement teinté de violâtre avec la bordure
noire plus large et plus intense, avec la base et la côte des supérieures beaucoup plus obscures. En dessous la bordure noire est plus prononcée que
dans le mâle, et le jaune de la base est un peu plus pâle.

Elle a été trouvée à Madagascar par M. Goudot. Je possède un individu
femelle, recueilli au Sénégal, qui me paroît appartenir à cette espéce. Il est
un peu plus petit, et la base des ailes supérieures est d'un orangé plus vif en
dessous.

5. P. Mesentina.

*Alis albis limbo nigro albo maculato; anticis utrinque fascia subcostali, abbre-
viata, nigra, incurva; posticis subtus albis, vel flavis nervis fusco limbatis.*

God. *Encycl. méth.* t. 9. p. 130. n° 34.
Cram. 270. A. B.
Pap. aurota. Fabr. *Ent. Syst.* t. 3. p. 1. pag. 197. n° 614.

Cette espéce est une des plus communes; elle habite presque toute
l'Afrique, le Bengale, la côte de Coromandel, etc. Elle se trouve aussi à
Madagascar et dans les petites îles environnantes.

6. P.? Charmione.

*Alis rotundatis, integerrimis, concoloribus albis limbo nigro; anticarum maculis
duabus flavis, posticarum unica.* Fabr.

Fabr. *Ent. Syst.* t. 3. part. 1. p. 205. n° 651.
Elle se trouve dans l'île de Joanna (Anjuan). Fabr.
Elle appartient peut-être au genre *Anthocharis*.

GENRE LEUCOPHASIA. *Steph.*

Pieris. *Lat. God.*

L. Sylvicola.

Alis delicatulis albis; anticis apice punctoque subapicali nigris; posticis subtus atomis sparsis fasciisque duabus obsoletis, fusco-virescentibus; omnibus subtus punctis marginalibus, minimis, nigris.

Elle est très voisine de *Nina* et de *Narica*. Il est même possible qu'elle ne soit qu'une modification de cette dernière espèce.

Elle est un tiers plus grande. Ses ailes sont minces et délicates comme celles des autres espèces du même genre. Elles sont blanches en dessus. Les premières ont le sommet plus ou moins noir, et précédé le plus souvent d'une petite tache arrondie de la même couleur. Le dessous des ailes supérieures diffère du dessus en ce que le sommet et la côte sont un peu verdâtres, avec quelques stries ou atomes plus foncés. Le dessous des inférieures est blanc, avec des ondes très fines d'un cendré verdâtre, et deux raies transverses de la même couleur. Le dessous des quatre ailes offre en outre, tout-à-fait à l'extrémité, une rangée de points noirs très petits. Ces points sont aussi un peu visibles en dessus.

Elle vole dans les bois à Madagascar pendant une partie de l'année. Ses habitudes sont les mêmes que celles de *Sinapis*.

GENRE XANTHIDIA. *Boisd.* Terias. *Swainson.*

Colias. *God.*

1. X. Pulchella. Pl. 2, fig. 7.

Alis vivide flavis anticarum costa margineque omnium late nigris; subtus flavis punctis minimis, marginalibus nigris; posticis atomis fasciisque obsoletis fuscis.

Ses quatre ailes sont d'un jaune gomme-gutte, avec une bordure noire, large, finissant à l'angle anal des inférieures et se prolongeant le long de la côte des supérieures jusqu'à la base. La base des quatre ailes est en outre fortement saupoudrée de noir.

En dessous elle est jaune, avec une série marginale de petits points noirs.

Les ailes supérieures ont trois ou quatre points bruns le long de la côte, et deux très petits points noirs dans la cellule. Le dessous des inférieures est très finement saupoudré de noirâtre; il est en outre traversé par deux ou trois raies ondées d'un cendré noirâtre, plus ou moins bien écrites.

La femelle est d'un jaune soufre, saupoudrée de noirâtre, sur-tout vers la base, avec la bande marginale nulle sur la côte des ailes supérieures et souvent à peine indiquée sur les inférieures.

Elle se trouve communément à Madagascar et à Sainte-Marie. Cette espèce est très voisine de la *Drona* de Horsfield, qui habite l'île de Java, et de la *Læta* du Sénégal; mais elle est un tiers plus petite, et d'un jaune plus vif que la *Drona;* outre cela la bordure noire est proportionnellement plus large.

2. X. FLORICOLA. *Boisd.*

Alis flavissimis, anticis margine nigro intus denticulato; posticis punctis marginalibus nigris; subtus flavis macula centrali fusca albo pupillata.

Elle est un peu plus petite qu'*Hecabe.* Le mâle a les ailes d'un jaune gomme-gutte. Les supérieures ont à l'extrémité une bordure noire de médiocre largeur, un peu denticulée intérieurement sur les nervures, un peu plus large vers l'angle apical, et s'étendant quelquefois plus ou moins sur les inférieures. Le bord de la côte est aussi noirâtre. En dessous elle a assez de rapports avec *Hecabe.* Le fond est jaune, avec une tache centrale blanche cerclée de brun et géminée sur les ailes inférieures. On remarque en outre à la base des supérieures un ou deux petits zigzags noirs, et au sommet de ces mêmes ailes, une tache ferrugineuse plus ou moins sensible, quelquefois nulle. Les ailes inférieures offrent au-delà de la tache centrale une raie transverse, très sinueuse, formée par des ondes brunes, et à la base deux ou trois points noirs et une petite tache ocellée. Près de la frange, il y a encore, sur les quatre ailes, une rangée de petits points noirs, placés sur les nervures, et souvent plus prononcés sur le dessus des ailes inférieures.

La femelle est plus grande d'un tiers, plus pâle, avec le dessin du dessous plus prononcé. Les points noirs de la base des ailes inférieures sont remplacés chez elle par autant de taches ocellées.

Elle se trouve à Bourbon, Maurice et Madagascar.

Cette espèce n'est peut-être qu'une modification locale d'*Hecabe.*

3. X. Desjardinsii. *Boisd.* (1). Pl. 2. fig. 6.

Alis flavissimis, margine nigro intus denticulato; anticarum costa nigro limbata;
subtus flavis macula centrali fusca, flavo pupillata.

Elle est très voisine de *Floricola*, dont elle n'est peut-être qu'une variété. La bordure noire de l'extrémité des ailes supérieures est presque égale, elle se continue le long de la côte comme dans *Pulchella*, mais elle est plus étroite; elle entoure aussi tout le bord externe des ailes inférieures, en formant une petite dent sur chaque nervure. En dessous la tache centrale est pupillée de jaune, non géminée sur les ailes inférieures; il n'y a pas de petits zigzags à la base des ailes supérieures; la raie sinueuse des inférieures est moins interrompue, etc.

Nous ne connoissons pas la femelle.

Elle a été trouvée à Madagascar par M. Goudot.

------

(1) Dédiée à M. Julien Desjardins, secrétaire de la Société d'histoire naturelle de l'île Maurice.

LYCÉNIDES.

GENRE ARGUS. *Boisd.*

Polyommatus. *Lat. God.* Lycæna. *Ochs.*

A. LYSIMON.

Alis supra violaceo-cœruleis, limbo fusco; subtus cinereis basi discoque punctis
ocellaribus nigris, apice lunulis fuscis biseriatis.
Femina : *limbo alarum late fusco.*

BOISD. *Icones hist.* p. 174. pl. 17. fig. 7 et 8.
Polyommatus lysimon. GOD. *Encycl. méth.* t. 9. p. 701. n° 240.
Papilio lysimon. HUBNER, tab. 105. f. 334. 335.
OCHS. I. *Schmett. von Europ.*

Il se trouve à Bourbon, Maurice et Madagascar : il habite aussi le Bengale,
l'Égypte, la côte de Barbarie, et même le midi de l'Espagne.
C'est une des plus petites espéces que l'on connoisse.

GENRE LYCÆNA. *Fab. Horsfield.*

Polyommatus. *Lat. God.* Catochrysops. *Boisd.* Faune de l'Océanie.

1. L. BOETICUS.

Alis supra cœruleo-violaceis, limbo fusco; subtus cinereis a basi ad apicem albido
undulatis; posticis fascia integra alba ocellisque duobus anguli ani viridi-
auratis.

LINN. *Syst. nat.* 2. n° 226.
FABR. *Ent. Syst.* III. n° 77.
HUBN. tab. 74.
GOD. *Encycl. méth.* t. 9. p. 653. n° 122.
OCHS. *Schmett. von Europ.* t. 1. etc.
Le porte-queue bleu strié. GEOFFROY. *Hist. des Ins.* t. 2. p. 57.

Ce joli petit lépidoptère habite l'île Bourbon, Maurice et Madagascar.

Il se trouve aussi en Europe, dans une grande partie de l'Afrique, au Bengale, à Java, à Timor, etc.

Les individus d'Europe sont ordinairement d'un bleu violet plus vif que ceux de l'Afrique et des Indes. Ils sont aussi d'ordinaire un peu plus grands.

La chenille vit en Europe dans les gousses de plusieurs légumineuses, principalement dans celles du *Colutea arborescens*.

2. L. TELICANUS.

Alis supra cœruleo-violaceis, limbo fusco; subtus cinereis, a basi ad apicem catenulis transversis albis; posticis striga lunularum albarum ocellisque duobus anguli ani auratis.

HERBST. tab. 3o5. fig. 7-9.
HUBNER. tab. 74. fig. 371. 372. et 108. fig. 553. 554.
OCHS. *Schmett. von Europ.* t. 1.
GOD. *Encycl. méth.* t. 9. p. 655. n° 128.

Elle se trouve à Bourbon, Maurice et Madagascar. Elle se trouve aussi en Afrique et en Europe le long du littoral de la Méditerranée.

3. L. BATIKELI. *Boisd.* Pl. 3. fig. 5.

Alis caudatis, angulo ani appendiculato, supra violaceis; posticis macula marginali nigra; subtus albido-cinereis, strigis fuscis, albo marginatis; posticis ocellis basilaribus rubris, macula postica fulva dimidiatim atra, appendiceque anali viridi-aurato.
Alis feminæ *margine lato nigro.*

Elle est de la taille de *L. Bœticus.* Le dessus des ailes est d'un bleu violet avec une petite bordure noirâtre. Les ailes inférieures ont une queue grêle, assez longue, précédée, près de l'angle anal, d'un prolongement en forme de palette, et du côté opposé, d'une autre petite queue tronquée, formant une simple dent. Entre ces deux queues on voit une tache noire plus ou moins marquée. Le dessous est d'un gris-cendré pâle, traversé un peu au-delà du milieu par une double raie brunâtre commune, anguleuse sur les ailes inférieures, et bordée de blanc sur ses bords. Le disque de chaque aile offre une tache carrée, de la même teinte, et bordée de blanc. Les ailes inférieures sont en outre marquées vers la base de trois points rouges, bordés de blanc. La palette de l'angle anal présente une tache noire entourée de vert doré. La tache noire, placée entre les deux queues, est ici plus marquée qu'en dessus, et entourée de fauve.

La femelle diffère du mâle en ce qu'elle a une bordure noire assez large qui entoure les ailes supérieures.

Elle se trouve aux environs de Foule-Pointe et de Tamatave.

4. L. Rabe. *Boisd.*

Alis cærulescentibus margine nigro ; anticis ocello anali nigro ; posticis ocellis duobus nigris caudaque divergente ; subtus cinereis lunula centrali strigaque transversa obscurioribus ; posticis oculo anali rufo nigro pupillato.

Elle est plus petite que *Batikeli.* Ses ailes sont d'un blanc bleuâtre, un peu cendré, avec une légère bordure noire. Les supérieures ont l'angle anal marqué d'un petit œil noir. L'angle anal des inférieures est terminé par une queue grêle, divergente, de la couleur des ailes, précédée sur son côté externe, de deux petits yeux noirs. Le dessus de la femelle est un peu plus pâle, avec le sommet des ailes supérieures plus largement noir ; ses ailes inférieures offrent, sur le bord, deux rangées de taches de la couleur des ailes.

Le dessous des deux sexes est d'un gris cendré, un peu plus pâle à l'extrémité. Le disque de chaque aile est marqué d'une petite tache annulaire, plus obscure que le fond. Les quatre ailes sont traversées, au-delà du milieu, par une raie anguleuse d'un brun pâle, suivie près de la frange, de deux autres raies blanchâtres peu prononcées, interrompues, formant de petites lunules peu marquées. Les ailes supérieures ont un œil anal noir comme en dessus. Les inférieures ont, au contraire, un petit œil roux pupillé de noir, séparé de la queue par un petit espace d'un bleu cendré.

Elle a été découverte par M. Goudot aux environs de Tamatave.

5. L. Tsiphana. *Boisd.*

Alis violaceo-cærulescentibus ; posticis caudatis angulo ani nigro bimaculato ; subtus albidis fascia lata media obscuriori ; posticis macula anali fulva nigro fœta.

Elle est de la taille de *Bæticus.* Les quatre ailes sont en dessus d'un bleu violet dans le mâle, beaucoup plus terne dans la femelle, avec la frange blanche. Les inférieures ont une petite queue grêle, et un petit prolongement anal en forme de palette. De chaque côté de la queue on remarque une tache noirâtre.

Le dessous des ailes est blanchâtre dans lés deux sexes, traversé au milieu par une large bande un peu plus foncée, précédée dû côté de la base, sur les inférieures, d'un point noirâtre. Cette même bande est suivie, sur les quatre ailes, d'une raie de la même teinte, un peu interrompue. L'angle anal des inférieures est marqué, sur le côté externe de la queue, d'une tache fauve, appuyée postérieurement sur un gros point noir : le côté interne de la queue offre un petit espace bleuâtre peu apparent.

Elle se trouve à Madagascar.

6. L. MALATHANA. *Boisd.*

Alis cœruleis (feminæ *fuscis basi cœrulescente*) *ocello anali fulvo utrinque nigro fœto, subtus atomis viridibus consperso; alis subtus cinereis strigis albis macularibus.*

Elle est de la taille de *Telicanus* dont elle a le port. Ses ailes sont d'un bleu un peu violet dans le mâle, et d'un brun noirâtre dans la femelle, avec la base bleuâtre. L'angle anal est marqué d'un œil noir, surmonté d'une tache fauve. Le dessous des ailes est d'un cendré pâle; celui des supérieures est traversé, au-delà du milieu, par trois cordons de taches un peu plus obscures que le fond, et entourés de blanchâtre.

Celui des ailes inférieures est marqué, vers la base, de trois ou quatre petits points noirs entourés de blanc, et il est traversé dans sa moitié posté-rieure, par trois cordons de taches un peu plus obscures que le fond, entou-rées de blanc à-peu-près comme aux premières ailes. Le milieu de chaque aile offre, en outre, une lunule grise, entourée de blanc. L'œil anal des ailes inférieures diffère du dessus, en ce qu'il est bordé d'atomes d'un vert doré. Sur son côté interne on aperçoit, à peu de distance de lui, un point noir également chargé de quelques atomes dorés.

Elle se trouve à Madagascar.

LYCÉNIDE *incertæ sedis.*

7.   ?   **T**INTINGA. *Boisd.*

Alis rotundatis, supra albis margine nigro; subtus albis nigro crebre subtiliterque
vermiculato-intricatis.

Ce petit lépidoptère est en trop mauvais état pour qu'il me soit possible de
le rapporter d'une manière certaine à aucun genre de la tribu des Lycénides.
Le dessus des ailes supérieures est blanc, avec une large bordure noirâtre,
commençant à la base et se continuant le long de la côte. Le dessus des inférieures est noirâtre avec l'extrémité postérieure blanchâtre. Le dessous
des quatre ailes est blanc avec une infinité de petites vermiculations noires
contournées en différents sens. Les supérieures ont une bande oblique blanche, c'est-à-dire une partie de l'aile dépourvue de vermiculations. L'extrémité des ailes inférieures est aussi presque entièrement blanche. Le corps
et la tête manquent.

Cette jolie petite lycénide est de la taille du *P. Petavius* de Java.

Elle se trouve à Tintingue.

GENRE EMESIS. *Fabr. Horsf.*

Erycina. *Latr.*

E. **T**EPAHI. *Boisd.* Pl. 3. fig. 4.

Alis bicaudatis fuscis; posticis lunulis marginalibus nigris, subtus ferrugineis
strigis albidis; anticis ocello apicali; posticis ocello atro dimidiatim chalybeo.

Nous ne connoissons que la femelle. Elle est en dessus d'un brun grisâtre;
ses ailes supérieures sont traversées, près de l'extrémité, par deux raies très
peu sensibles, un peu plus pâles que le fond. Ses ailes inférieures sont dentées et terminées par deux queues d'un jaune fauve. Leur bord terminal est
d'une teinte pâle, marqué de quatre ou cinq lunules noires, excepté celle qui
est placée entre les deux queues, qui est d'un rouge brun. Le dessous est
ferrugineux, avec quelques traits à la base et une raie commune, anguleuse
sur les inférieures, blancs. L'extrémité des supérieures offre, en outre, deux
autres raies blanches et un petit œil noir apical, surmonté d'un petit point

blanc. L'extrémité des inférieures présente une suite de lunules de forme et
de couleur différentes. Les deux plus rapprochées de l'angle anal sont étroites,
bordées de blanc, précédées, en arrière, de jaune fauve; celle qui est placée
entre les deux queues est d'un rouge-brun violâtre; celle d'après est noire,
précédée antérieurement d'une éclaircie pâle; celle qui la suit est arrondie,
moitié noire, moitié bleuâtre, et a à-peu-près la forme d'un œil; enfin, la
dernière est peu marquée et noirâtre. Le corps est brunâtre en dessus et blanchâtre en dessous; les palpes sont blancs, droits, et, comme dans les espéces
du même genre, à peine sensibles. Les antennes sont noires, annelées de
blanc, avec la massue noire, précédée à sa base d'un anneau blanc.

Cette belle espéce a été trouvée à Tamatave par M. Goudot.

Nous croyons que le papilio *Bocis* de Drury appartient au même genre et
fait partie de la même division.

ACRÉIDES.

GENRE ACRÉE. Acræa. *Lat. God.*

Les lepidoptères de ce genre sont très élégants; par leurs ailes oblongues ils ont un peu le port des *Heliconia.* Leur véritable patrie est l'Afrique.

1. A. Hova. *Boisd.* Pl. 4. fig. 1 et 2.

Alis integerrimis, anticis rubris nigro punctatis, dimidiatim plumbeo diaphanis; posticis rubris, punctis numerosis, majoribus sparsis, nigris.

C'est une des plus grandes que l'on connoisse. Ses ailes supérieures sont rouges jusqu'au-delà du milieu, et ensuite d'un gris noirâtre, transparent, jusqu'à l'extrémité. Sur la partie rouge on remarque huit ou neuf gros points noirs, dont le plus gros est dans la cellule. Les ailes inférieures sont d'un rouge fauve, avec le bord abdominal lavé de jaunâtre. Elles sont marquées au-delà du milieu d'environ dix-huit gros points noirs inégaux, formant deux rangées transverses arquées : outre ces points, la base en offre plusieurs autres semblables et très rapprochés.

Le dessous des ailes supérieures ressemble au dessus, mais il est plus pâle et comme vernissé. Le dessous des inférieures est d'une couleur incarnate luisante, avec les points de la base et du bord abdominal d'un noir foncé, et ceux des deux bandes transverses plus petits et entourés de gris de perle.

L'un des sexes, que nous croyons être la femelle, est d'un fauve plus roussâtre; il offre du reste le même dessin.

Le corps est noir, avec des points d'un blanc jaunâtre sur les côtés de l'abdomen et sur le corselet.

Elle se trouve à Sainte-Marie et à Tamatave.

2. A. Igati. *Boisd.* Pl. 4. fig. 3. et pl. 5. fig. 3.

Alis integerrimis diaphanis basi albido-subdiaphanis; posticis maculis discoideis quatuor nigris geminatis.
Alis feminæ basi late fulvis.

C'est aussi une des grandes espèces du genre. Ses ailes supérieures sont transparentes, avec les nervures roussâtres, et l'espace compris entre les trois principales nervures d'un blanc transparent. Les ailes inférieures sont blanches jusqu'au-delà du milieu, avec les nervures roussâtres, et ensuite transparentes jusqu'à l'extrémité. Entre la partie blanche et la partie transparente sont quatre grosses taches oblongues-arrondies, groupées deux à deux, et souvent en partie réunies. Entre ces deux taches on voit, dans quelques individus, un ou deux points de la même couleur plus ou moins gros.

Le dessous des ailes supérieures est un peu roussâtre jusqu'au milieu. Le dessous des inférieures est un peu plus luisant que le dessus, et il offre à la base cinq ou six points noirs rapprochés, paroissant un peu en dessus.

Le corps est noir, avec des points blancs sur les côtés de l'abdomen et sur le corselet.

La femelle a les quatre ailes fauves jusqu'au-delà du milieu.

Elle se trouve dans les bois, à Sainte-Marie et à la Grande-Terre, en avril et mai; elle reparoît ensuite en juillet et août.

3. A. Ranavalona. Boisd. Pl. 6. fig. 3. 4 et 5.

Alis integerrimis; anticis basi rubris; posticis rubris nigro punctatis margine nigro intus dentato, punctis rubris maculato.

Alis anticis feminæ, basi rufescentibus; posticis disco albido nigro punctato, maculis marginalibus nigris dimidiatim postice rubris.

Les ailes supérieures sont d'un cendré transparent avec la base et le bord interne d'un rouge cerise. Les ailes inférieures sont d'un rouge cerise, avec des points noirs jusqu'au milieu de leur surface, dont les plus postérieurs forment une bande transverse, et les autres sont groupés en partie vers la base et le bord abdominal. L'extrémité offre une bordure noirâtre dentée régulièrement en dedans, et divisée par cinq ou six petites taches rouges.

Le dessous des ailes supérieures est plus pâle que le dessus et comme vernissé. Le dessous des inférieures est d'un blanc incarnat, avec les mêmes points qu'en dessus. La bordure est moins noirâtre, et les dents qui précèdent les taches rouges sont au contraire très noires, et elles forment des taches séparées.

La femelle est plus grande que le mâle; ses ailes supérieures ont la base et les nervures roussâtres. Les ailes inférieures sont blanches, très rarement lavées d'une teinte rougeâtre, avec le même dessin que dans le mâle. Leur extrémité est bordée de gris noirâtre, avec une rangée de six taches noires arrondies et appuyées en arrière, chacune sur un point rouge.

Cette jolie espéce se trouve communément dans les bois, à Sainte-Marie et à la Grande-Terre, en avril et mai; elle reparoît en juillet et août. Elle aime à se reposer sur les graminées.

4. A. MAHELA. *Boisd.* Pl. 6. fig. 1.

Alis anticis luteis, apice subcinereo-diaphanis punctis discoideis nigris; posticis luteis punctis sparsis lunulisque marginalibus, obsoletis, nigris.

Elle est à-peu-près de la taille d'*Hypatia*. Ses ailes supérieures sont d'un jaune-nankin foncé, avec l'extrémité d'un transparent un peu cendré, et huit ou neuf points noirs épars sur le milieu, dont deux dans la cellule. Les ailes inférieures sont d'un jaune-nankin foncé, avec de petites lunules noirâtres, peu marquées, disposées chacune sur l'extrémité des nervures, et quinze à vingt points noirs un peu inégaux, dont les postérieurs forment une espéce de bande sinueuse irrégulière.

Le dessous est plus pâle que le dessus, un peu luisant; il présente tout-à-fait le même dessin. Le corps est noir en dessus, d'un jaune un peu rougeâtre en dessous, avec les côtés ponctués de jaune.

Elle se trouve communément en juin, aux environs de Tintingue et de Tamatave. Elle se plaît dans les bois humides, au bord des petits ruisseaux.

5. A. PUNCTATISSIMA. *Boisd.* Pl. 6. fig. 2.

Alis luteis a basi ad extimum nigro punctatis; anticis apice fuscis.

Cette espéce est la plus petite de toutes celles que je connois. Ses quatre ailes sont d'un jaune un peu fauve, ponctuées de noir depuis la base jusqu'à l'extrémité. Les points de la moitié postérieure forment trois lignes transverses, les autres sont rangés sans ordre. Le sommet des ailes supérieures est noirâtre.

Le dessous des ailes ne diffère du dessus qu'en ce qu'il est un peu luisant, et que le sommet des supérieures n'est pas noirâtre.

La femelle est un peu plus grande que le mâle; ses ailes supérieures sont un peu plus arrondies; du reste, elle n'en diffère pas.

Elle a été trouvée, par M. Goudot, dans les bois humides, aux environs de Tamatave.

6. A. Rakeli. *Boisd.* Pl. 5. fig. 1 et 2.

Alis obscure fulvis fascia maculari, transversa, communi punctisque sparsis
discoideis, nigris; posticis margine fusco.

Elle est à-peu-près de la taille de *Mahela.* Ses ailes sont d'un fauve roussâtre assez terne; elles sont traversées au-delà du milieu par une bande
commune de points noirs. Les supérieures ont, de plus, le sommet noirâtre,
avec deux taches noires dans la cellule. Les inférieures ont, outre la bande
transverse, huit ou dix points noirs placés vers la base, et formant presque
une rangée transversale.

Le dessous offre le même dessin; mais le sommet des ailes supérieures est
d'un gris jaunâtre. La plupart des taches des ailes inférieures ont, en arrière, une éclaircie blanche, sur-tout celles qui forment la bande transverse.
On voit aussi à leur extrémité une rangée de petites lunules grises ou blanchâtres.

Elle se trouve aux environs de Tintingue, de Foule-Pointe et de Féneriffe.

7. A. Zitja. *Boisd.* Pl. 4. fig. 4 et 5.

Alis vivide fulvis ambitu nigro, punctis minutis sparsis; anticis macula costali
nigra; posticis subtus fascia incurva albida, lunulisque marginalibus cinereis.

Les quatre ailes sont d'un fauve vif, avec une bordure noire, se continuant
le long de la côte des supérieures jusqu'à leur base. Les premières ont, près
de l'extrémité, une rangée courbe de quatre à cinq petits points noirs, et,
dans la cellule, trois autres points semblables, dont deux souvent réunis en
une petite tache, qui touche la bordure costale. Les ailes inférieures sont
traversées au-delà du milieu par une ligne courbe et sinuée de petits points
noirs, et elles ont, vers la base, d'autres points semblables, épars.

Le dessous offre la même disposition de points; celui des inférieures est
traversé, un peu au-delà du milieu, par une bande blanchâtre, qui forme une
éclaircie en arrière des points noirs. Outre cela, l'extrémité des nervures est
bordée de blanchâtre, et le bord marginal est marqué d'une rangée de
lunules d'un cendré blanchâtre, triangulaires, bordées par une petite ligne
festonnée, noirâtre.

Elle se trouve à Féneriffe et à Foule-Pointe.

8. A. RAHIRA. *Boisd.* Pl. 5. fig. 4 et 5.

Alis pallide fulvis nigro punctatis, margine nigro, acutissime dentato; posticis
subtus flavis striga transversa punctisque nigris.

Elle a le port et la taille de *Zitja.* Ses quatre ailes sont d'un fauve clair, avec
une bordure noire qui se prolonge en dents aiguës sur chaque nervure. Les
supérieures ont deux lignes courbes, courtes et transverses de points noirs,
et un autre point isolé au milieu de la cellule. Les inférieures ont, depuis la
base jusqu'au milieu, une quinzaine de points noirs, épars.

En dessous il n'y a pas de bordure noire, mais l'extrémité des nervures
est élargie et noirâtre. Celui des ailes supérieures offre les mêmes points qu'en
dessus; celui des inférieures est d'un jaune pâle, avec les points du dessus
entremêlés de plaques d'un fauve vif; il est, en outre, traversé au-delà du
milieu par une raie noire courbe, dont l'empreinte paroît un peu en dessus;
derrière cette raie et entre chaque nervure il y a un espace d'un jaune foncé.

Le corps est roirâtre en dessus, avec des points fauves sur les côtés.

Suivant M. Goudot, elle se trouve à Tamatave; mais comme nous possédons
la même espéce du pays des Hottentots, nous craignons qu'il ne l'ait recueillie
en passant au Cap de Bonne-Espérance, et qu'ensuite il ne l'ait confondue avec
les lépidoptères pris à Madagascar.

9. A. MANJACA. *Boisd.* Pl. 4. fig. 6. et pl. 5. fig. 6 et 7.

Alis maris fulvis margine nigro, fulvo punctato; anticis macula costali fasciaque
obliqua nigris; posticis subtus luteis ad basin nigro punctatis.
Alis feminæ supra pallide luteis, anticis ad apicem macula albida.

Cette petite espéce est assez voisine de celle que Cramer a figurée, pl. 268,
sous le nom d'*Eponina*, et que Fabricius a décrite sous le nom de *Serena.*

Ses quatre ailes sont fauves, bordées à l'extrémité par une bande noire,
que divise une rangée de points fauves. Les supérieures dont la côte est noirâtre ont à l'extrémité de la cellule discoïdale une tache noire, liée entièrement avec la côte, et envoyant un prolongement oblique dans la bordure, de manière qu'il en résulte au sommet une tache ovale fauve comme
dans la *Serena.* Les ailes inférieures offrent, vers la base, quelques points
noirs peu apparents.

Le dessous des ailes supérieures est fauve vers la base, ensuite jaunâtre, avec la tache costale du dessus, et l'extrémité des nervures élargie et noirâtre. Le dessous des inférieures est d'un jaune d'ocre, avec quatorze ou quinze points noirs, épars depuis la base jusqu'au milieu. Sur le bord terminal on remarque sept lunules jaunes, triangulaires, bordées de noir, et terminées toutes antérieurement par un petit trait noir en forme d'I.

La femelle est un peu plus grande et d'un jaune d'ocre pâle en dessus, avec les points marginaux plus gros. Ses ailes supérieures offrent, vers le sommet, une tache blanche en place de l'espace fauve dont nous avons parlé en décrivant le mâle. Le dessous est beaucoup plus pâle que dans le mâle, mais il offre à-peu-près le même dessin.

On la trouve à Tintingue, à Tamatave, à Féneriffe et à Sainte-Marie, en mars et en avril; elle vole dans les bois et paroît être assez rare.

10. A. SGANZINI. Boisd. Pl. 6. fig. 6 et 7.

Alis luteis margine nigro; anticis apice late nigro fascia albida; posticis punctatis, subtus immarginatis.

Elle varie un peu pour la grandeur; tantôt elle est de la taille d'Hypatia, et tantôt de celle de Zidora. Ses quatre ailes sont d'un jaune d'ocre assez pâle. Les supérieures ont, vers le sommet, un large espace noirâtre, divisé obliquement par une bande d'un blanc jaunâtre, formée de cinq taches, séparées seulement par les nervures. Avant cet espace noir, elles offrent, sur la partie jaune, quatre points noirs plus ou moins gros, dont un souvent irrégulier, dans la cellule. Les ailes inférieures ont une bordure noirâtre mal arrêtée, qui envoie des rayons entre chaque nervure; elles sont traversées au-delà du milieu par une rangée courbe et un peu sinueuse de points noirs; vers la base sont six ou huit points semblables épars.

Le dessous offre à-peu-près le même dessin; mais l'espace noirâtre des supérieures est jaunâtre, la bande blanchâtre oblique s'appuie intérieurement, à l'extrémité de la cellule, sur une tache noirâtre; les ailes inférieures sont dépourvues de bordure noire, mais les rayons noirs existent de même entre les nervures.

Le corps est jaunâtre, avec des taches noirâtres sur le dos.

Il y a des individus dont les ailes supérieures ont un reflet violâtre.

Elle est très commune à Madagascar; elle se trouve presque toute l'année, et ne cesse de paroître que lorsque les pluies sont très abondantes.

DANAÏDES.

GENRE DANAIS. *Boisd.* Danaidi. *Lat. God.*

Euplæa. *Fabr.*

Les Danaïdes habitent les parties chaudes des deux continents.

D. Chrysippus.

Alis repandis, fulvis, limbo nigro albo punctato; anticis apice nigricante fascia
maculari nivea; posticis disco punctis aliquot nigris.

Linn. *Syst. nat.* 2. p. 767.—*Fabr., Herbst, Kleemann, Boisd., Ochs.*, etc.
God. *Encycl. méth.* IX, p. 187.
Cram. Pl. 118. B. C.—

Elle est très commune à Bourbon, à Maurice, et à Madagascar. On la trouve
aussi dans l'Inde, dans diverses parties de l'Afrique, et même en Europe.

La chenille est d'un gris de perle avec des plis transversaux noirâtres, et
une bande demi-circulaire d'un bleu noir sur chaque anneau, marquée de
deux taches jaunes; elle a en outre le long des pattes une bande latérale jaune,
et trois paires d'épines charnues, dont une près de la tête, une un peu avant
le milieu du corps; et la troisième, qui est la plus courte, à l'extrémité
postérieure. Le dessous du corps est noir, et les pattes sont marquées de
points blancs. Elle vit en famille sur les *nerium*. La chrysalide ressemble
à un pendant d'oreille; elle est d'un vert tendre ou d'un rose pâle, avec des
points d'or, et une bande noire en fer à cheval près de l'extrémité.

GENRE EUPLÉE. *Euplœa. Fab. Ochs.*

Danais. *Lat. God.*

Ainsi que nous l'avons déja dit dans notre *Faune entomologique de l'Océanie*,
ce genre a de grands rapports avec le précédent. Les espèces sont nombreuses, et souvent très voisines l'une de l'autre. On les partage en trois
groupes d'après les caractères suivants. Dans le premier les mâles et les femelles sont semblables, dans le second les mâles ont le bord interne des
ailes supérieures très arrondi, et il s'avance notablement jusque sur le disque
des inférieures; dans le troisième les mâles ont le bord interne des premières

ailes, droit ou presque droit, avec une raie d'un cendré luisant. Les espèces suivantes appartiennent au premier groupe.

1. E. GOUDOTII. *Boisd.* Pl. 3. fig. 2.

Alis fuscis ad extimum pallidioribus; anticis puncto violaceo; posticis fascia maculari submarginali albida ; singulis subtus punctis discoideis albo-violaceis.

Elle est d'un brun noir avec le tiers postérieur plus pâle. Les ailes supérieures ont à l'extrémité de la cellule un petit point d'un blanc violet. Les inférieures sont traversées près de l'extrémité par une bande blanche ou plutôt blanchâtre, maculaire.

Le dessous ressemble au dessus, mais sur le disque de chaque aile on remarque six ou huit points d'un blanc violâtre, dont un est placé dans la cellule, et les autres sont rangés autour en demi-cercle.

Elle se trouve très communément à Bourbon.

La chenille est d'un gris de souris avec huit épines charnues, filiformes, dont deux très longues près de la tête, deux sur le dernier anneau, et les deux autres paires placées à distances entre la première et la dernière sur les anneaux du dos. Toutes ces épines sont noires, ainsi que les pattes. Les côtés du corps offrent quelques points bleus.

Elle se trouve communément en juin sur les *nerium* (lauriers-rose).

La chrysalide ressemble à une bulle d'or extrêmement brillante; elle éclôt au bout de quinze jours.

2. E. EUPHONE. Pl. 3. fig. 1.

Alis integris fuscis; anticis apice subviolaceo micantibus, striga maculari alba ; posticis fascia punctisque marginalibus albidis; singulis subtus punctis discoideis violaceis.

FABR. *Ent. Syst.* III. 1. p. 4. n° 122.

GOD. *Encycl. méth.* IX. p. 181. n° 18.

Danais Baudiniana. GOD. *Encycl. méth.* IX. p. 181. n° 17.

Godart a cru que cette *Euplœa* étoit de Timor, et trompé sur l'*habitat* il en fait une espèce nouvelle sous le nom de *Baudiniana.* Ce qui ne l'a pas empêché de décrire, dans le numéro suivant, l'*Euphone* en traduisant le texte de Fabricius. La description de Fabricius est tellement claire, qu'il ne peut y avoir le moindre doute sur l'identité.

Elle se trouve communément à Maurice. Elle habite aussi Madagascar.

La chenille, d'après la description que nous a communiquée M. Marchal, est d'un blanc sale, avec une rangée latérale de points noirs, et quatre paires d'épines charnues disposées ainsi : celles de la première paire ont cinq lignes de longueur, et sont placées sur le troisième anneau; celles de la seconde sont longues d'une ligne, et placées sur le quatrième; celles de la troisième paire sont semblables, et se trouvent sur le sixième; la dernière paire est sur le dernier anneau, et est un peu plus longue que la précédente.

Elle vit sur les nerium (*lauriers-rose*).

La chrysalide est cylindroïde raccourcie, d'un vert doré brillant.

Elle éclôt au bout de dix jours.

3. E. Phædone. Pl. 3. fig. 3.

Alis subconcoloribus fusco-nigris; anticis maculis sordide luteis; posticis fascia subpostica punctisque marginalibus in serie duplice sordide flavidis.

Fabr. *Ent. Syst.* V. Suppl. p. 423. n° 184-5.
God. *Encycl. méth.* IX. p. 183. n° 26.

Cette *Euplæa*, ainsi que la *Cenea* et l'*Echeria* de Stoll, *Supplément* à Cramer, n'appartient qu'imparfaitement à ce genre. Ces trois espéces, et peut-être aussi le *papilio Niavius* de Linné, devront peut-être former un genre propre entre les *Danais* et les *Euplæa*.

La *Phædone* est commune à Maurice. Elle se trouve aussi à Madagascar aux environs de Tamatave.

Cette espéce a de grands rapports avec l'*Echeria* de Stoll ou *Vaillantiana* de Godart; mais elle est un tiers plus petite; ses quatre ailes sont plus entières; les taches des supérieures sont toutes d'un jaune sale; la bande transverse des inférieures est moins large, sinuée sur chaque côté, précédée en dessus comme en dessous de deux lignes marginales de points jaunâtres, dont les antérieurs plus gros.

La chenille vit comme celles des espéces précédentes, sur les *nerium*.

GENRE IDEA. *Lat.*

Ce genre est très peu nombreux : il habite les Indes orientales, sur-tout les îles de la Sonde et la Nouvelle-Guinée.

I. LYNCEA.

Alis elongato-angustatis albido-subcinerascentibus venis maculisque permultis nigris; anticis subfalcatis.

God. *Encycl. méth.* IX. p. 195.
P. *Lynceus.* DRURY. *Ins.* 2. tab. 7. f. 1.
P. *Idea.* STOLL. *Pap. Suppl.* à CRAM. 42. fig. 1.

Cette espéce, dont nous possédons un mâle, que l'on nous a assuré venir de Tananarive, ne nous paroît nullement différente de celle qui est assez commune à Java, et qui se rapporte parfaitement à la figure de Stoll et de Drury. L'individu, figuré par ces deux iconographes, avoit été recueilli dans l'île de Joanna (Anjouan), près de Madagascar.

NYMPHALIDES.

GENRE DIADEMA. *Boisd.*

Nymphalis. *Lat. God.*

1. D. BOLINA.

Mas : *Alis dentatis nigris micantibus, macula media albo-violacea mutabili; anticis apice macula albo-violacea ; omnibus subtus ferrugineo-corticinis ; posticis albo fasciatis.*

LINN. *Syst. nat.* 2. p. 781. n° 188.
FABR. *Ent. Syst.* t. 3. n° 384.
GOD. *Encycl. méth.* IX. p. 396. n° 157.
CRAM. 65. E. F.
DRURY. I. pl. 14.
CLERK. *Icon.* tab. 21.
HERBST. *Pap.* 244. f. 3-4.

Femina : *Alis repandis fulvis, limbo nigro albo-punctato; anticis apice nigro fascia nivea; posticis disco maculis tribus fuscis.*

P. *Misippus.* LINN. *Mus. Lud. Ulr* p. 264. n° 83.
GOD. *Encycl. méth.* IX. p. 188. n° 40. et p. 394. n° 153.
P. *Diocippus.* CRAM. 28. B. C.
HERBST. *Pap.* tab. 155. f. 3-4.
VAR. P. *Inaria.* CRAM. 214. A. B.
HERBST. tab. 157. f. 5-6.

Les *papilio Bolina* et *Misippus* forment sans aucun doute une même espéce, dont le premier est le mâle et le second la femelle. C'est un fait prouvé par l'éducation des chenilles.

Le *papilio Lasinassa* nous offre un exemple à-peu-près semblable; aussi on a été long-temps avant de se douter que les *papilio Iphigenia, Proserpina, Alcmene, Manilia, Antigone, Eriphile* de Cramer, n'étoient rien autre que la femelle ou des variétés femelles de cette espéce.

Elle a le port de *Lasinassa*, à laquelle elle ressemble beaucoup en dessus par le dessin.

Elle se trouve communément à Bourbon, à Maurice, à Madagascar, au Bengale, à la Chine, dans les îles de la Sonde et sur la côte occidentale d'Afrique. Elle est aussi assez répandue à la Guyane, où elle aura peut-être été transportée avec des plantes de l'Inde.

La femelle est très remarquable par son dessin, qui a la plus grande ressemblance avec celui de la *Danais Chrysippus*. C'est au point qu'au premier coup d'œil on les prendroit pour une seule espèce.

Le *papilio Inaria* de Cramer est une simple variété femelle, dans laquelle la partie noire qui est au sommet des premières ailes a complétement disparu, ainsi que la bande blanche, qui cependant laisse presque toujours une empreinte d'un fauve un peu plus pâle que le reste. Les points qui divisent la bordure sont un peu moins marqués, et la taille des individus est un peu plus grande. Nous en possédons plusieurs exemplaires de Bourbon, de Maurice, et de Madagascar.

La chenille ressemble, au premier aspect, à celle de la *D. Chrysippus*, surtout par la couleur et par le dessin; mais les prolongements épineux sont plus roides, moins mobiles, et au nombre de huit. La chrysalide est moins cylindrique, un peu comprimée, verte, dépourvue de taches dorées et de cercle noir.

Cette chenille vit en famille sur les lauriers-rose (*nerium*).

2. D. DUBIA.

Alis repandis; anticis fasciis duabus macularibus albis; posticis albis margine
fusco; omnium limbo punctis marginalibus albis.

P. *Dubius*. PALISOT DE BEAUVOIS, Voy. en Afrique.

Quoique cette espéce soit déja décrite et figurée dans l'ouvrage de Palisot de Beauvois, nous en donnons ici une nouvelle description parceque celle de cet auteur est inexacte et que son ouvrage est peu répandu dans les bibliothéques.

Elle est un peu plus grande que *Bolina*, dont elle a le port. Ses ailes supérieures sont noires, avec deux bandes blanches, maculaires, obliques, ordinairement précédées, du côté de la base, d'un point blanc, et au sommet, d'un groupe de quatre ou cinq petites taches alignées de la même couleur. La bande la plus interne est formée de deux taches, l'autre est formée de trois; dans beaucoup d'individus toutes les taches sont entourées d'un peu de blanc bleuâtre, et elles ont elles-mêmes une teinte un peu nacrée. Les ailes inférieures sont blanches, luisantes, un peu nacrées, avec une bordure noirâtre plus ou moins large, s'étendant quelquefois jusqu'au milieu du disque, et d'autres fois à peine indiquée. Le bord extérieur des quatre ailes est en outre divisé par un rang de points blancs, suivi près de la frange d'une série de petites lunules de la même couleur. Le dessous offre le même dessin que la surface opposée, mais le sommet des ailes supérieures est d'un gris brunâtre, et la base des quatre ailes est ponctuée de blanc. Les échancrures sont lisérées de blanc. Le corps est noirâtre, ponctué de blanc comme dans les Danaïdes.

Elle se trouve à Tintingue, à Tamatave et à Sainte-Marie, au mois d'avril et de juillet. Elle a les mœurs de *Bolina*, mais elle est beaucoup plus rare. Palisot de Beauvois l'a trouvée sur la côte occidentale d'Afrique, dans les royaumes d'Oware et de Bénin; nous en avons aussi reçu un individu de Galam.

Cette espèce a, comme toutes celles de ce genre, une grande analogie pour le *facies* avec certaines Danaïdes d'Afrique, sur-tout avec celle appelée *Niavia*, qui habite aussi la côte occidentale de l'Afrique.

GENRE ARGYNNIS. *Lat. God.*

A. Phalanta.

Alis subdentatis, fulvis, nigro maculatis; posticis subtus sub-argenteo-purpuras-
centibus ocellis aliquot fulvis.

Fabr. *Ent. Syst.* III. part. 1. n° 455.
God. *Encycl. méth.* IX. p. 259. n° 10.
Drury. *Ins.* 1. tab. 21.
P. *phalantus.* Herbst. tab. 256 et tab. 257.
P. *columbina.* Cram. 337. D. E. et 238. A. B.

Elle est commune dans différentes parties des Indes orientales. Elle se trouve aussi très fréquemment à Maurice, à Bourbon, et à Madagascar.

La chenille est épineuse, d'un vert pâle, plus ou moins glauque, avec une raie blanchâtre entre les stigmates et les pattes, et se fondant avec la couleur du ventre. La tête est brune, marquée d'une espèce d'Y blanchâtre. Les stigmates sont blanchâtres, cerclés de noirâtre. La chrysalide est d'un beau vert, avec les pointes dorsales rougeâtres très saillantes et un peu argentées. Sur ses côtés il y a aussi deux ou trois taches alongées de la même couleur.

GENRE CYRESTIS. *Boisd.*

Nymphalis. *Lat. God.*

Les insectes de ce genre ne se trouvent que dans les régions intertropicales de l'ancien continent.

C. Elegans. *Boisd.* Pl. 7. fig. 4.

Alis dentatis albis fascia transversa rufescente, linea postica, subinterrupta duabusque geminis marginalibus, nigris; anticis fasciis tribus rufis, interjectis strigis nigris; posticis caudatis angulo ani dilatato, fulvescenti, cyaneo maculato.

Elle est à-peu-près de la taille de la *C. hylas* de Java, et elle a le port et un peu le *facies* du *P. panteus* de Drury, qui appartient aussi au même genre.

Ses ailes sont minces, d'une texture délicate, blanches, légèrement dentelées. Elles sont traversées au-delà du milieu par une raie rousse, plus intense vers l'angle anal des inférieures où elle se replie pour se perdre dans le bord abdominal; après cette raie vient une ligne noire interrompue, et tout-à-fait sur le bord on aperçoit une ligne double également noire. Les ailes supérieures ont en outre entre la base et la raie rousse sus-mentionnée, trois autres raies plus courtes, se prolongeant quelquefois sur les inférieures, et dont celle qui est la plus près de la base est bordée de chaque côté par une ligne d'un bleu noir; entre la seconde et la troisième raie on observe aussi un double trait d'un bleu noir. Les ailes inférieures sont terminées par une queue aiguë, noirâtre, et dilatées à l'angle anal en une palette d'un roux fauve, ponctuée de noir et de bleu. En dessous le dessin est beaucoup moins prononcé qu'en dessus, et la palette anale est marquée d'une tache d'un noir bleu.

Le corps est roussâtre en dessus avec le corselet rayé longitudinalement de blanc.

La femelle est un peu plus grande, elle n'offre, du reste, aucune différence notable.

Elle se trouve assez communément dans les bois, à Sainte-Marie, à Foule-Pointe, et à Tamatave, en mai, juin, juillet, et sur-tout en août. Elle est d'une texture si délicate qu'il est très difficile de pouvoir se la procurer intacte.

GENRE VANESSA. *Lat. God.*

1. V. Cardui.

*Alis dentatis supra fulvis nigroque variis; anticis apice prominulis albo macu-
latis; posticis subrotundatis subtus marmoratis, ad extimum striga e quatuor
ocellorum.*

Linn. *Syst. nat.* 2. p. 774. n° 157.—etc.
Fabr. *Ent. Syst.* III. *part.* 1. p. 104. n° 320.—etc.
La Belle-Dame. Geoff. *Hist. des Ins.* 11. p. 41.

Ce papillon se retrouve presque par tout le globe; cependant il paroît être
plus commun en Europe que dans les régions équatoriales. Nous en possédons des exemplaires du Sénégal, d'Égypte, de Barbarie, du Cap de Bonne-
Espérance, de Bourbon, de Maurice, de Madagascar, du Bengale, de la
Chine, de Java, de la Nouvelle-Hollande, de Taïti, du Brésil, de Cayenne, et
de l'Amérique septentrionale.

2. V. Hippomene. Pl. 8. fig. 3 et 4.

*Alis dentatis supra fuscis fascia aurantiaca transversa, anticarum discoidali,
posticarum marginali; illis apice albo punctatis, his caudatis.*

Hubn. *Exot. Schmetterling.*

Elle a le port et la taille d'*Atalanta* et autres espèces voisines, telles que
Dejeanii et *Callirhoe.* Ses ailes supérieures sont en dessus d'un noir foncé,
avec une bande discoïdale d'un jaune orangé, s'alignant avec une autre
bande de la même couleur qui borde une partie du bord externe des inférieures; leur sommet offre sept ou huit points blancs disposés sur deux rangées; un point jaune, placé sur la côte, s'aligne avec les deux points de la
rangée interne. Les ailes inférieures sont plus dentelées que les supérieures,
et une de leurs dents forme une queue orangée et assez longue. Ces mêmes
ailes offrent, entre la queue et l'angle anal, un œil violâtre pupillé de
blanchâtre, suivi, près de la frange, de quelques atomes bleuâtres formant
une raie depuis le bord abdominal jusqu'à la base de la queue. Le dessous
des supérieures présente la même bande qu'en dessus; mais elle est ici
d'un blanc jaunâtre, et leur base est marquée de quelques taches ou traits
d'un blanc violâtre. Le dessous des ailes inférieures est d'un blanc olivâtre.

nuancé de violâtre vers l'extrémité, un peu saupoudré d'atomes jaunâtres jusqu'au-delà du milieu, et marqué, dans cette partie, d'hyéroglyphes ou taches annulaires difformes, jaunâtres. L'œil violâtre est aussi distinct qu'en dessus.

La femelle ne diffère pas du mâle.

Cette belle espéce a été découverte à Bourbon par M. Goudot, et à Maurice par M. Marchal.

3. V. Epiclelia. *Boisd.* Pl. 7. fig. 3.

Alis denticulatis supra fuscis; anticis ante apicem fascia interrupta maculisque duabus albis; posticis maris *macula orbiculari, cyanea, nitida; posticis* feminæ *absque macula cyanea.*

Cette *Vanessa* a les plus grands rapports avec la *Clelia* de Cramer et de Fabricius, et il seroit possible qu'elle n'en fût qu'une modification locale.

Le mâle est plus d'un tiers plus petit que celui de *Clelia*, mais il présente à-peu-près les mêmes caractères.

La femelle de *Clelia* est semblable au mâle.

La femelle d'*Epiclelia* diffère du mâle en ce qu'elle est dépourvue sur les ailes inférieures de la tache bleue discoïdale ; cependant dans quelques individus on remarque à la place de cette tache un reflet violâtre irrégulier. Elle est en outre d'une couleur plus brune, mais elle offre de même deux yeux violâtres à iris ferrugineux sur chaque aile.

Elle se trouve communément à Madagascar pendant une grande partie de l'année.

4. V. Rhadama. Pl. 7. fig. 2.

Alis dentatis supra cœruleis strigis nigro-cyaneis; posticis oculo anali violaceo; omnibus subtus cinereis strigis albidis; anticis oculo unico, posticis duobus.

Cette belle espèce est à-peu-près de la taille d'*Erigone*. Ses ailes sont dentelées, d'un beau bleu en dessus, avec des traits et une bande commune d'un bleu noir. Les supérieures ont, vers le sommet, un groupe de deux ou trois points blancs, et leurs échancrures sont lisérées de blanc. Les ailes inférieures ont la frange blanche, et elles sont marquées, près de l'angle anal, d'un œil violâtre pupillé de bleu à iris jaunâtre. Le dessous des quatre ailes est grisâtre,

avec des raies blanchâtres transverses. Les ailes supérieures sont marquées,
près du sommet, d'un petit œil noirâtre sans prunelle et à iris jaunâtre. Les
inférieures sont marquées de deux yeux, dont le plus près de l'angle anal est
violâtre et pupillé comme en dessus; l'autre est noir et sans prunelle. Le
corps est bleu en dessus et d'un blanc grisâtre en dessous. Les antennes manquent dans notre individu.

Cette belle espéce a été rapportée par M. Goudot, qui l'avoit obtenue d'un
voyageur anglais, qui l'avoit prise aux environs de Tananarive.

5. V. Goudotii. Pl. 7. fig. 1.

*Alis umbrinis strigis fusco-ferrugineis; anticis falcatis striga punctorum alborum;
omnibus subtus fusco-olivaceis ad extimum violascentibus fascia communi
fusca.*

Elle est de la taille de *Pelarga* et elle a le port de *Terea*, et autres espécesafri-
caines. Ses ailes supérieures sont falquées au sommet; l'extrémité anale des
inférieures manque dans notre individu. Le dessus des quatre ailes est d'un
brun couleur de terre d'ombre, traversé, au-delà du milieu, par deux bandes
communes d'un ferrugineux obscur, et dont la plus externe est marquée sur
les supérieures d'une série de points blancs; entre la base de chaque aile et
les bandes sus-mentionnées, on remarque deux gros traits d'un ferrugineux
obscur placés dans la cellule discoïdale, bordés de noir sur les premières ailes.
Le dessous est d'un brun un peu verdâtre, glacé de violâtre, sur-tout à
l'extrémité, traversé par quelques raies brunes peu prononcées, et au-delà
du milieu par une bande commune d'un brun ferrugineux, suivie, sur chaque
aile, d'un rang de petits points blancs, plus prononcés sur les ailes de
devant, où ils correspondent à ceux du dessus.

Elle a été prise, par M. Goudot, dans les bois humides, aux environs de
Tamatave.

6. V. Andremiaja. *Boisd.*

*Alis anticis subfalcatis, posticis intus subcaudatis; omnibus supra fuscis fascia
communi, alba nigro punctata, extrorsum fulva vel fulvescente; anticis strigis
duabus basilaribus, fulvis; posticis linea marginali obsolete fulva ; omnibus
subtus fusco-fulvescentibus, fascia ut supra, singulisque basi strigis albis.*

Elle est de la taille de la *Laodora* de Godart, et elle a beaucoup de rapports avec la *Pelarga* de Drury, la *Pelasgis* Godart, et sur-tout avec la *Galami* Boisd. (Espéce inédite.)

Ses ailes supérieures sont dentelées et un peu falquées; les inférieures sont aussi dentelées et leur anglé anal se prolonge un peu en queue. Le dessus des unes et des autres est brun, traversé par une bande commune, blanche sur son côté interne, et fauve sur son côté externe, bifide antérieurement sur les premières ailes, et renfermant deux points blancs, marquée sur sa partie fauve d'une rangée de points noirs pupillés de blanc sur les supérieures. Ces mêmes ailes ont, près de la côte, deux traits fauves, et à l'extrémité une rangée de deux ou trois points blanchâtres. Les ailes inférieures sont marquées, près de la frange, d'une raie fauve interrompue et peu prononcée. Le dessous des ailes est d'un brun-jaunâtre fauve, avec la bande et les points comme en dessus. L'extrémité offre une rangée de lunules blanchâtres, et la base est marquée de deux traits blancs sur les supérieures, et d'un seul sur les inférieures : ces dernières ailes ont en outre, à la base de la queue, des atomes d'un cendré bleuâtre.

Elle se trouve, en mars et en avril, à Madagascar.

On la distinguera facilement de la *Galami*, en ce que cette dernière à toute la bande transverse d'un blanc lavé de fauve, non bifide antérieurement; en ce que le bord de ses ailes inférieures est marqué de deux rangs de petites lunules d'un blanc bleuâtre, etc., etc.

GENRE SALAMIS. *Boisd.*

Chenille?... insecte parfait. Tête médiocre; yeux saillants; palpes contigus, dépassant notablement le chaperon, le dernier article un peu infléchi en avant; antennes assez longues, leur massue alongée; corselet médiocre; abdomen peu alongé; pattes longues et assez grêles; ailes supérieures falquées; les inférieures ayant la gouttière abdominale très prononcée, et l'angle anal prolongé en dedans.

Les insectes de ce genre ont les plus grands rapports avec les *Vanessa*, sur-tout avec quelques espéces indiennes et africaines, dont les ailes supérieures sont un peu falquées au sommet, et dont l'angle anal des inférieures est prolongé en pointe. Ils s'en distinguent par la massue des antennes, qui est manifestement en cylindre plus alongé, par le dernier article des palpes, qui est moins ascendant que dans les *Vanessa*, et par les pattes qui sont plus grêles et proportionnellement plus alongées.

S. Augustina. *Boisd.* Pl. 8. fig. 1.

Alis supra fusco-ferrugineis; anticis apice nigricanti macula cyaneo-violacea; posticis ad extimum pallidioribus, strigis duabus marginalibus fuscis; omnibus subtus fusco-subolivaceis fasciis brunneis, ad extimum pallidioribus, punctis minutis nigris.

Le dessus des ailes est d'un brun marron plus ou moins clair. Les supérieures ont le sommet et l'extrémité noirâtres, avec une tache apicale, assez petite, d'un bleu violâtre. Les inférieures ont l'extrémité d'une teinte grisâtre livide, divisée par deux raies marginales brunâtres, précédées, du côté de la base, d'une rangée de trois ou quatre petits points noirs. Le dessous est d'un brun grisâtre, glacé d'un peu de verdâtre et fascié de brun; l'extrémité est plus claire, d'un gris foiblement glacé de violâtre, séparé de la partie plus foncée par une raie commune droite d'un brun ferrugineux. Sur la partie postérieure, qui est la plus claire, on remarque sur les ailes inférieures, une rangée de petits points noirs, laquelle se continue quelquefois un peu sur les supérieures.

La femelle diffère très peu du mâle, seulement la tache bleue est ordinairement un peu plus grande, suivie inférieurement de quelques légers atomes violâtres.

Elle se trouve à Bourbon, à Madagascar, et à Maurice.

GENRE ATERICA. *Boisd.*

Chenille?... insecte parfait. Tête grosse; yeux saillants; palpes rapprochés, assez gros, ne dépassant pas le chaperon, couverts de poils très serrés; antennes longues, leur massue très alongée formée insensiblement dans leur quart supérieur; corselet épais, assez robuste, de la largeur de la tête; ailes inférieures arrondies, à peine dentelées; le bord postérieur des ailes supérieures coupé presque droit.

A. Rabena. *Boisd.* Pl. 8. fig. 2.

Alis anticis nigro-fuscis fascia maculari maculisque apicalibus flavis; posticis fulvis, linea marginali nigra; posticis subtus corticinis punctis duobus basilaribus fuscis.

Les ailes supérieures sont d'un brun noir, avec la base et le bord interne d'un fauve obscur; elles sont traversées obliquement de dedans en dehors

par une bande jaune maculaire, précédée en dehors d'une rangée de taches
de la même couleur, et du côté de la base, d'une tache annulaire placée
dans la cellule. Le dessus des ailes inférieures est fauve, avec le bord interne
noirâtre et une raie presque marginale de la même couleur, expirant ordinairement avant l'angle anal. Le dessous des supérieures offre le même
dessin que la surface opposée, mais la base et le sommet sont d'un jaune
roussâtre. Le dessous des ailes inférieures est d'un jaune roussâtre avec quelques nuances plus obscures, et deux points noirs rapprochés, dans la cellule,
près de la base. Le corps est d'un fauve noirâtre en dessus, et d'un jaune-rous-
sâtre pâle en dessous. La moitié antérieure de la massue des antennes est
jaunâtre.

La femelle est presque un tiers plus grande que le mâle. Elle offre tout-à-
fait le même dessin, mais le dessous de ses ailes inférieures a quelques lé-
gères nuances violâtres.

Cette jolie espéce se trouve à Tintingue, Tamatave et Sainte-Marie, dans
les bois, en décembre ; elle reparoît en juillet et août.

GENRE CRENIS. *Boisd.*

Chenille?... insecte parfait. Tête assez petite ; yeux saillants ; palpes assez
rapprochés, ascendants, dépassant peu le chaperon ; antennes longues, assez
grêles, renflées insensiblement en massue à leur extrémité ; corselet, peu
robuste, de la largeur de la tête ; ailes supérieures légèrement concaves sur
leur bord extérieur ; les inférieures arrondies, légèrement dentelées ; les
deux premières nervures des ailes supérieures dilatées à la base, comme
dans le genre *Satyrus.*

Ce genre est formé sur l'espéce suivante, qui envoie un rameau latéral
vers la tribu des Satyrides.

C. Madagascariensis. *Boisd.*

*Alis supra sordide fulvis ; anticis apice late, inferioribus serie postica e punctis
fuscis ; posticis subtus cinereis strigis undulatis obscuris interjectis ocellis obsoletis pupilla cyanea.*

Elle a le port, la taille, et un peu le *facies* de la *Nymphalis Liberia* de l'Encyclopédie, ou *P. Laothoe* de Cramer. Le dessus de ses ailes est d'un jaune-fauve,
plus ou moins terne. Les supérieures ont le sommet largement noirâtre, et

marqué ordinairement de deux ou trois petites taches fauves peu prononcées. Les inférieures ont au-delà du milieu une rangée de quatre à cinq points noirâtres. Le dessous des ailes supérieures ressemble au dessus, mais l'extrémité du sommet est d'un gris cendré. Le dessous des inférieures est d'un gris cendré, quelquefois un peu teinté de violâtre; il est traversé par trois petites raies noirâtres peu marquées, ondulées; entre les deux raies postérieures, on voit une rangée d'yeux très peu marqués, à prunelle bleuâtre, correspondant aux points noirs du dessus. Le dessus du corps est roussâtre et le dessous est blanchâtre.

Nous ne connoissons pas la femelle.

Elle se trouve, mais assez rarement, à Madagascar.

GENRE LIMENITE. Limenitis. *Boisd.*

Limenitis et Neptis. *Fab.* Nymphalis. *Lat. God.*

Ce genre est répandu dans tout l'ancien continent.

1. L. Saclava. *Boisd.*

Alis denticulatis, fuscis fascia communi, alba, in anticis maculari; singulis ad extimum lunulis atris, biseriatis, interjecta linea pallida.

Ses ailes sont d'un brun noirâtre, traversées par une bande blanche de médiocre largeur, continue sur les inférieures et interrompue sur les supérieures où elle est formée de cinq taches, savoir: une sur le bord interne faisant suite à la bande des ailes inférieures; une autre beaucoup plus grosse, quadrangulaire, arrondie, placée dans les bifurcations de la nervure médiane, et trois autres plus petites placées vers le sommet. Ces trois petites taches sont ordinairement séparées de la grosse, dont nous avons parlé, par un petit point blanc. La base des ailes supérieures offre aussi trois ou quatre petits points blancs. A l'extrémité des quatre ailes on remarque encore deux ou trois raies noires interrompues, et formant des espèces de lunules. Sur les premières ailes ces raies sont partagées par une petite ligne blanchâtre peu apparente.

Le dessous offre le même dessin, mais le fond est d'un brun un peu ferrugineux varié de blanchâtre. Les échancrures sont lisérées de blanc.

Elle a été trouvée aux environs de Tamatave par M. Goudot.

7

2. L. Kikideli. *Boisd.*

Alis atris, denticulatis, fascia communi, lata, alba, in anticis interrupta, strigis mar-
ginalibus duabus nigerrimis, interjecta linea albida; anticarum basi punctata.

Elle est très voisine de la *Melicerta* de Fabricius, et la description diagnos-
tique qu'en donne cet auteur lui convient parfaitement; mais comme il cite
pour synonymes de sa *Melicerta*, les *P. Agatha, Blandina* et *Leucothoe* de
Cramer, et le *P. Melicerta* de Drury, qui sont autant d'espèces distinctes,
nous pensons qu'il n'a point connu celle que nous décrivons ici.

Elle est de la taille de la *Lucilla* d'Europe. Ses quatre ailes sont d'un noir
foncé, traversées par une large bande blanche, continue depuis le bord abdominal des inférieures jusqu'au milieu des supérieures où elle est interrompue.
Près de la côte de ces mêmes ailes sont trois taches oblongues, dont l'extérieure très petite, et faisant suite à la bande commune. Entre ces trois taches
et la bande il y a le plus souvent un point blanc. Outre cela la base des ailes
supérieures est marquée de six ou sept petits points blancs. On remarque
aussi à l'extrémité des quatre ailes deux raies plus noires que le fond, séparées par des lignes pâles, presque blanches sur les supérieures.

Le dessous offre le même dessin; mais l'extrémité présente deux ou trois
rangées marginales de lunules blanches, et la base des ailes est rayonnée de
blanc. Les échancrures sont blanches.

La femelle n'offre pas de différences remarquables.

Elle se trouve, pendant une partie de l'année, dans les bois, à Sainte-Marie
et à Tamatave.

Elle se distingue de l'*Agatha* de Cramer, qui est vraisemblablement le
P. Melicerta de Fabricius, en ce que la bande blanche est plus étroite, et
interrompue près de la côte, tandis que dans *Agatha* elle est plus large dans
cette partie, et interrompue près du bord interne.

3. L. Dumetorum. *Boisd.* Pl. 7. fig. 6.

Alis subdentatis nigris, fascia communi aurantiaca, in anticis interrupta, in
posticis extus dentata; anticis basi punctis minimis albis.

Ses quatre ailes sont dentelées, d'un brun noir, traversées un peu au-delà
du milieu par une bande d'un jaune orangé. Cette bande est interrompue

sur les ailes supérieures, et formée de trois taches, dont celle du milieu beaucoup plus grosse; sur les inférieures elle est droite, dentée sur son côté externe. Outre cela on remarque vers la base des supérieures cinq ou six points blancs très petits, et à l'extrémité quelques points semblables, marginaux, peu prononcés.

Le dessous est brun avec quelques nuances violâtres ; la bande transverse commune est blanchâtre, à l'exception de la tache du milieu des supérieure qui est d'un jaune orangé.

Les échancrures sont lisérées de blanc.

Elle se trouve assez communément à Bourbon, voltigeant dans les buissons, pendant une partie de l'année.

4. L. FROBENIA.

Alis integris fuscis, subconcoloribus, fascia communi postica aurantiaca, in anticis interrupta.

FABR. *Ent. Syst.* V. Suppl. p. 425. n° 400—1.
GOD. *Encycl. méth.* IX. p. 430. n° 254.
HUBN. *Dict.*

Elle se trouve assez communément à Maurice. Elle habite aussi Madagascar.

LIBYTHIDES.

***

GENRE LIBYTHEA. *Fab. Lat.*

Ce genre, par ses longs palpes qui forment un bec droit et alongé, est un des plus distincts.

L. Fulgurata. *Boisd.*

Alis fuscis angulato-dentatis fascia transversa communi, extus dilacerata, in anticis interrupta; subtus cinereo-albidis fascia nivea ut supra.

Elle est de la taille de la *Vanessa urticæ*. Ses ailes sont dentelées, anguleuses, d'un brun noirâtre en dessus, avec quelques stries plus foncées vers la base; elles sont traversées par une large bande d'un blanc pur, sinuée intérieurement, interrompue sur les ailes supérieures, irrégulière et marquée de zigzags noirs sur son côté externe. Entre le bord terminal et cette bande, on remarque quelques petites taches blanches, séparées, et des taches noirâtres formant presque une rangée marginale. Sur le milieu des ailes supérieures il y a un point blanchâtre isolé, et sur le bord marginal des inférieures on aperçoit comme deux petites lignes blanchâtres mal arrêtées. Le dessous est d'un cendré blanchâtre avec la même bande qu'en dessus. Les deux dents les plus rapprochées de l'angle anal des inférieures sont d'un brun pourpre. Le corps est brunâtre en dessus et d'un blanc grisâtre en dessous.

La femelle ne diffère pas sensiblement du mâle.

Cette belle espéce a été trouvée par M. Goudot aux environs de Tamatave.

BIBLIDES.

Chenilles garnies de petites épines, plus ou moins nombreuses, dont quelquefois deux plus longues sur le premier anneau. Chrysalide suspendue par la queue. Insecte parfait : quatre pattes propres à la marche dans les deux sexes ; cellule discoïdale des secondes ailes ouverte, mais paroissant souvent fermée par l'empreinte d'un petit arc, plus ou moins visible ; nervure costale des ailes supérieures, renflée et vésiculeuse à la base ; palpes très peu comprimés plus longs que la tête.

Le genre *Biblis*, tel qu'il étoit, renfermoit des espèces tellement disparates par leur *facies*, que nous avons essayé de le diviser en plusieurs genres pour faciliter son étude. Cette tribu, comme toutes les autres, envoie des irradiations plus ou moins sensibles vers d'autres genres. Ainsi la *B. ariadne* de l'Encyclopédie se lie avec les *Argynnis* et les *Vanessa* ; la *B. illithya* offre plusieurs points d'analogie avec les *Melitæa* et les *Acræa*, la *B. dryope* tient manifestement des *Vanessa* et des *Libythea*, la *B. laïs* nous rappelle la forme et le port de certains Héliconiens, tout en nous offrant des caractères de Satyres.

1. GENRE BIBLIS. *Lat. God.*

Tête un peu moins large que le corselet ; yeux assez saillants ; palpes velus, écartés ; le second article dépassant le niveau du chaperon ; le troisième droit, légèrément infléchi inférieurement ; antennes assez grêles, terminées insensiblement par une massue ou léger renflement peu prononcé ; corselet médiocre ; abdomen beaucoup plus court que les ailes inférieures ; ailes supérieures alongées, crénelées ; ailes inférieures offrant plusieurs dents très prononcées et à-peu-près égales ; la cellule discoïdale paroissant manifestement ouverte.

Il a du rapport avec les *Melanitis*. Il habite l'Amérique méridionale, et a pour type le *P. Biblis*, Fab. *Hyperia*, Cram. *Thadana*, God.

2. GENRE ARIADNE. *Horsfield.* Biblis. *Lat. God.*

Tête assez petite ; yeux médiocrement saillants ; palpes très écartés, garnis de petits poils courts et serrés, le second article dépassant un peu le cha-

peron, le troisième assez long et fortement infléchi inférieurement; antennes
grêles, filiformes, sans massue apparente; corselet médiocre; abdomen assez
grêle, plus court que les ailes inférieures; ailes assez larges; les supérieures
sinuoso-anguleuses, les inférieures dentelées. Les insectes de ce genre ont
le port de certaines *Vanessa*, telles qu'*Idamene*. Leur couleur et leurs
petites lignes transverses sinueuses rappellent un peu le *facies* de cette
dernière espèce.

Nous lui avons donné pour type les *P. Merione* et *Coryta* de Cramer, qui
habitent les îles de la Sonde et le continent indien.

3. GENRE EURYTELA. *Boisd.* Biblis. *Lat. God.*

Tête assez petite; yeux peu saillants; palpes grêles, écartés, leur second
article plus long que le chaperon, le dernier presque aussi long que le précédent, infléchi en avant; antennes grêles, terminées insensiblement par
une petite massue peu distincte; corselet médiocre; abdomen grêle plus
court que les ailes inférieures; ailes supérieures échancrées, anguleuses, les
inférieures arrondies et dentelées.

Les *Eurytela* ont le port de certaines *Libythea*, ou plutôt de quelques
Vanessa, telles que *C. album, Atalanta, Huntera*, etc., dont le sommet des
ailes supérieures présente un angle tronqué. Elles habitent l'Afrique et les
Indes orientales. Nous possédons les trois suivantes.

1. E. HORSFIELDII. (1). *Boisd.*

*Alis dentatis supra nigro-cyanescentibus, fascia communi, discoidali, evanescente,
dilutiori; subtus fusco-griseis, lineis quatuor undulatis fuscis; posticis rotundatis; anticis apice productis.*

Habitat in insula Java.

---

(1) Dédiée à M. Thomas Horsfield, auteur d'un ouvrage fort remarquable sur les
lépidoptères de Java.

2. E. Stephensii. (1). *Boisd.*

Alis dentatis fusco-ferrugineis lineis quatuor undulatis fuscis, fasciaque discoidali, communi, in anticis interrupta, lutea; subtus pallidioribus; posticis rotundatis; anticis apice productis.

Habitat cum præcedente Bataviæ in insula Java.

3. E. Dryope.

Alis dentatis, fuscis, fascia postica, in inferioribus latissima, luteo-fulva; subtus fusco-corticinis strigis fuscis, extimo pallidiore; posticis rotundatis; anticis apice productis.

B. *dryope.* God. *Encycl. méth.* IX. Suppl. p. 824-5-6. *b.*

P. *driope.* Fab. *Ent. Syst.* t. III. n° 793.

Cram. 78. E. F.

P. *dryope.* Herbst. tab. 168. fig. 5. 6.

Elle se trouve à Sainte-Marie, à Tintingue, et à Tamatave, en juin et juillet.

La description donnée par Godart étant faite sur la figure de Cramer, est très inexacte. Il dit que le dessous des ailes a la moitié antérieure d'une teinte verdâtre, tandis qu'au contraire il est d'une teinte feuille-morte avec quelques raies plus obscures.

GENRE HYPANIS. *Boisd.* Biblis. *Lat. God.*

Tête moyenne; yeux assez saillants; palpes alongés, le second article dépassant notablement le chaperon, le dernier assez alongé et infléchi en avant; les antennes assez alongées, renflées en massue à leur extrémité; corselet assez fort; abdomen un peu plus court que les ailes inférieures; les quatre ailes arrondies.

Les papillons de ce genre sont fauves avec des bandes noires; ils ont le port des *Argynnis* et des *Melitea.* Le dessous de leurs ailes inférieures est facié de blanc, de fauve et de noir, comme dans les espèces de ce dernier genre.

Ils habitent l'Afrique et la côte de Coromandel.

---

(1) Dédiée à M. James Francis Stephens, auteur du Catalogue méthodique des insectes d'Angeterre.

Nous leur avons donné pour type le *P. illithya* de Fabricius et l'espèce suivante :

H. ANVATARA. *Boisd.* Pl. 7. fig. 5.

Alis rotundatis, subdenticulatis, fulvis fascia baseos margineque fulvo maculato, nigris; posticis subtus fasciis tribus albis; margine fulvo linea nigra.

Elle a le port, la taille et le *facies* de l'*Illithya* de Fabricius et de Godart et sur-tout de la *Pollinice* de Cramer, laquelle habite la côte de Coromandel, et que Godart considère comme une variété d'*Illithya*. Quant à nous qui ne connoissons que la figure, nous nous abstenons de porter aucun jugement.

Ses ailes sont arrondies, dentelées, fauves en dessus, avec une bordure noire assez large, divisée par un rang de taches fauves. Les ailes supérieures ont la côte largement noire, et cette couleur envoie une bande arquée qui va s'unir à la bordure, au milieu du bord extérieur, en isolant vers le sommet deux taches oblongues, fauves. De la base des ailes inférieures part une bande noire, dentelée, qui remonte jusqu'à la nervure médiane des supérieures. Le dessous de ces dernières ailes offre à-peu-près le même dessin que la surface opposée, seulement la côte est fauve, les petits traits noirs sont bordés de blanc, et le sommet offre trois ou quatre taches de la même couleur. Le dessous des inférieures est fauve, traversé par trois bandes blanches, savoir : une à la base bordée de noir des deux côtés; une autre au milieu bordée de noir antérieurement et par une ligne brunâtre sur son côté postérieur; enfin la troisième tout-à-fait marginale, et formant une rangée de lunules. Cette dernière bande est séparée de l'intermédiaire par un cordon de lunules fauves, et un cordon de lunules ferrugineuses, séparés eux-mêmes l'un de l'autre par une ligne noire sinuée. L'extrémité de l'aile est fauve, divisée par une ligne noire.

Elle se distinguera facilement d'*Illithya*, 1° en ce qu'il n'y a pas une rangée de points blancs entre la bande blanche du milieu et la bande postérieure; 2° en ce que l'extrémité est fauve, divisée par une ligne noire, et non pas noire ponctuée de blanc, etc., etc.

Elle se trouve communément à Madagascar en janvier et février, et en juin et juillet dans les bois et les champs de manioc.

SATYRIDES.

GENRE MELANITIS. *Fabr. Horsf.* Biblis. *Lat. God.*

Le genre *Melanitis*, rangé par Latreille et Godart avec les *Biblis*, ne peut pas même appartenir à la tribu des Biblides. Par la chenille, qui ressemble beaucoup à celles des *Satyrus*, et par la cellule discoïdale des secondes ailes fermée, il rentre évidemment dans celle des Satyrides.

Ayant établi ci-dessus la tribu des Biblides, nous avons cru devoir donner les caractères propres à chacun des genres qui en font partie. Cette même raison nous engage à donner ici ceux du genre *Melanitis* de Fabricius, lequel renferme tous les lépidoptères que nous n'avons pu laisser dans la petite tribu en question.

Chenilles dépourvues d'épines; leur dernier anneau se terminant par deux appendices alongés en forme de queue, un peu relevés; leur tête munie de deux épines en forme de corne. Insecte parfait : tête aussi large que le corselet; yeux gros et assez saillants; palpes velus, écartés, le second article arrivant au niveau du chaperon, le troisième tout-à-fait droit; antennes grêles assez longues, terminées insensiblement en une massue peu prononcée; corselet médiocre; abdomen assez alongé, mais plus court que les ailes inférieures; ailes supérieures alongées, dentelées; ailes inférieures offrant plusieurs dents, dont une ordinairement un peu plus saillante. Les insectes de ce genre ont des couleurs peu brillantes; le dessous de leurs ailes est d'une teinte sombre de feuille-morte ou d'un gris ferrugineux. Ils habitent les îles de la Sonde, les molluques et le continent indien.

Les *P. Laïs* Cram., *Undularis* Cram., *Dusara* Horsfield, *Protogenia* Cram., *Leucocyma* God., etc., appartiennent à ce genre.

GENRE CYLLO. *Boisd.*

Satyrus. *Lat. God.* Hipparchia. *Fab. Horsf.*

Ce genre est peu nombreux, et les espéces qui en font partie habitent les régions intertropicales de l'ancien continent et l'Océanie. Leurs chenilles ont

8

les prolongements caudiformes très prononcés, et leur tête est surmontée de deux pointes obtuses, aplaties en forme d'oreille de lièvre.

1. C. BETSIMENA. *Boïsd.*

Alis supra fuscis; anticis falcatis macula centrali, rotundata, fusco-nigra fasciaque alba; posticis caudatis.

Il est plus grand que *Leda* et il a le port de *Constantia*. Ses ailes sont brunâtres en dessus. Les supérieures sont falquées et traversées, au-delà du milieu, par une bande blanche un peu sale ou très foiblement jaunâtre. Sur leur milieu, entre la nervure médiane et le bord interne, on remarque une grosse tache arrondie, noirâtre. Les ailes inférieures ont une grosse dent plus saillante, formant une espéce de queue oblique en dehors. La tranche de leur bord postérieur est d'un blanc un peu roussâtre. Le dessous est d'un ton plus olivâtre, avec le même dessin qu'en dessus. Celui des inférieures offre, près de l'extrémité, une rangée de points blanchâtres peu apparents.

Décrit sur un individu femelle trouvé par M. Goudot aux environs de Tamatave.

2. C. LEDA.

Alis angulatis supra fuscis vel corticino-fuscis; anticis oculo apicis sesquialtero; omnibus subtus griseo reticulatis, striga ocellorum.

LINN. *Syst. nat.* 2. p. 773. n° 150.
FABR. *Ent. Syst.* III. n° 333.
GOD. *Encycl. méth.* IX. p. 478.
CRAM. 292. A. et 196. C. D.
BOISD. *Faune de l'Océanie*, pars. 1. p. 142. n° 3.
VAR. *P. solandra.* FABR. *Ent. Syst.* III. n° 328.
DONOW. *Epit. of Ins. of New Holl.* pl. 23.

Il habite Bourbon, Maurice, Madagascar, la côte occidentale d'Afrique, la Chine, le Bengale, Java et la Nouvelle-Hollande.

La chenille est verdàtre, pubescente, avec quatre raies plus obscures, dont deux dorsales et une près des pattes. Sa tête est un peu bifide et surmontée de deux cornes ressemblant à des oreilles de lièvre; les appendices qui terminent son dernier anneau sont trois fois plus longs que les pattes. Elle vit sur les graminées.

La chrysalide est verte, cylindroïde.

L'insecte parfait se trouve pendant une grande partie de l'année. Il varie beaucoup. Il existe des individus qui sont presque entièrement d'une couleur fauve en dessus; d'autres, au contraire, sont d'un brun ferrugineux ou noirâtre. Quelques uns ont le dessous d'un gris violàtre, avec les yeux à peine indiqués. Ces derniers se confondent presque avec le *Banksia* de Fabricius, qui, en effet, n'en est peut-être qu'une modification.

GENRE SATYRUS. *Boisd.*

Satyri. *Lat. God.* Hipparchia. *Fab. Horsf.*

Ce genre, tel que nous l'avons réduit, est encore le plus nombreux de la tribu. Il se trouve dans tous les pays.

1. S. NARCISSUS.

Alis integris supra fuscis, area fulva, subtus rufescentibus undis brunneis; anticis utrinque ocello unico; posticis duobus minutis.

FABR. *Ent. Syst.* V. *Suppl.* p. 428. n° 672-3.
GOD. *Encycl. méth.* IX. p. 551. n° 181.

Il se trouve, pendant une grande partie de l'année, à Bourbon et Maurice, dans les sentiers des bois, dans les ravines, etc. Il est aussi très commun à Sainte-Marie et à la Grande-Terre; mais les individus de ces deux dernières localités offrent une petite modification. Leur dessous est d'une teinte moins fauve et tire un peu sur le jaune blanchâtre. La femelle, que Fabricius et Godart n'ont pas connue, diffère du mâle en ce qu'elle est plus pâle, en ce qu'elle a au sommet des ailes supérieures en dessous, un second œil très petit, en ce que les inférieures ont le plus ordinairement une rangée de trois ou quatre petits yeux.

On trouve aussi ce satyre au Cap de Bonne-Espérance.

2. S. Tamatavæ. *Boisd.* Pl. 8. fig. 6 et 7.

Alis integris fuscis, anticis apice ocello nigro, cyaneo bipupillato, iride lata
rubro-ferruginea; posticis ocellis duobus minoribus; his subtus griseo-violaceo
marmoratis punctoque discoidali albo.

Ses quatre ailes sont d'un brun noirâtre. Les supérieures ont, au sommet,
un grand œil d'un rouge ferrugineux, dont le centre est noir marqué de deux
petites prunelles bleues. Les inférieures ont deux yeux semblables, mais
beaucoup plus petits et marqués d'une seule prunelle. Le dessous des supérieures ressemble à-peu-près au dessus. Celui des inférieures est nuancé de
gris violâtre, avec un point discoïdal blanchâtre, et avec une espéce d'œil
noir près de l'angle anal.

La femelle est d'un tiers plus grande que le mâle. Le dessus de ses ailes
inférieures offre le plus ordinairement un troisième œil, plus petit que les
deux autres.

Il a été trouvé par M. Goudot aux environs de Tamatave.

HESPÉRIDES.

GENRE THYMELE. *Fab.* Hesperia. *Lat.*

1. T. Florestan.

Alis supra fuscis basi albido-virescentibus; posticis disco pallido fimbria anali fusca; omnibus subtus fuscis; posticis fascia lata albo-argentea; palpis femoribus abdomineque subtus fulvis.

Cram. 391. E. F.

Le dessus des ailes est brun, avec la base d'un blanc verdâtre et sans taches. Les inférieures sont un peu échancrées, et leur disque est plus ou moins blanchâtre, avec l'angle anal bordé par une frange d'un jaune fauve. Le dessous des ailes est brunâtre; celui des inférieures a une large bande transverse, d'un blanc argentin, se terminant, vers le bord abdominal, par une tache interrompue de sa couleur. La frange de l'angle anal est fauve comme en dessus. Les palpes, les cuisses et le dessous du ventre sont couverts de poils d'un jaune fauve.

Elle se trouve assez communément à Madagascar. Elle habite aussi une partie de la côte occidentale d'Afrique.

2. T. Ratek. Pl. 9. fig. 1.

Alis immaculatis, supra fuscis basi subfulvescentibus; posticis interne late fulvescentibus fimbria anali fulva; omnibus subtus olivaceo-fuscis.

Elle a le port et presque la taille de *Florestan*. Le dessus de ses ailes supérieures est d'un brun noirâtre, mélangé de quelques poils fauves vers la base. Le dessus des inférieures est d'un fauve obscur dans la plus grande partie de sa surface; l'angle anal est échancré comme dans l'espèce précédente et bordé d'une frange fauve. Le dessous des quatre ailes est d'un brun olivâtre et sans taches, avec la frange anale fauve comme en dessus. Les palpes ont une teinte bronzée un peu verdâtre. Les jambes sont garnies de quelques poils d'un jaune fauve. Le corselet est en dessus d'un fauve verdâtre, et l'abdomen est roussâtre.

Le mâle, qui est l'individu que nous avons fait figurer, est d'une teinte plus sombre et moins fauve sur les ailes inférieures.

Elle se trouve à Madagascar, où elle paroît être moins commune que la précédente.

3. T. RAMANATEK. *Boisd.* Pl. 9. fig. 3.

Alis fuscis basi subpallidioribus; posticarum angulo ani fimbriaque albis; singulis subtus macula alba; posticis fascia transversa alba.

Elle a le port de *Florestan,* mais elle est environ un tiers plus petite. Le dessus des ailes est d'un noir brun, avec quelques poils d'un gris verdâtre vers la base. Les inférieures sont un peu échancrées extérieurement, et leur angle anal est marqué d'une tache terminale blanche. Le dessous des ailes est d'une teinte brune, avec une petite tache blanche vers le milieu de chacune. Les inférieures sont traversées, au-delà du milieu, par une bande blanche un peu sinuée : la frange de ces mêmes ailes est blanche. Le corps est d'un brun grisâtre en dessus, et d'un gris blanchâtre en dessous, avec quelques points noirâtres sur l'abdomen.

La femelle ne diffère pas sensiblement du mâle.

Dans beaucoup d'individus le bord interne du dessous des ailes supérieures est blanchâtre.

Elle se trouve assez communément à Bourbon et à Madagascar. On m'a assuré qu'elle habitoit aussi Maurice.

4. T. OPHION. Pl. 9. fig. 4.

Alis fuscis rotundatis; anticis maculis minutis, transversim digestis, intus fusco quasi marginatis, arcuque apicali c punctis, vitreis; posticarum margine albido consperso; his subtus albido-subcyanescentibus margine fuscescente punctoque costali nigro.

Stoll. Suppl. à CRAM. Pl. 26. fig. 4.

Elle est très voisine de l'*Hesperia Nepos* de Latreille ou *P. Japetus* de Cramer. Le dessus des ailes est brunâtre. Les supérieures sont marquées au milieu d'une bande noirâtre mal arrêtée et peu sensible. Cette bande, à partir de la côte jusqu'au milieu, est chargée de cinq petites taches transparentes, dont quatre sont alignées; la cinquième est placée sur le côté externe de la quatrième. Entre cette bande et la côte sont deux taches noirâtres rapprochées,

quelquefois légèrement saupoudrées de bleuâtre. Le dessus des ailes inférieures est tantôt sans taches et tantôt marqué, sur tout le bord externe, d'une
espéce de bande mal arrêtée, pulvérulente, d'un blanc un peu bleuâtre. Le
dessous des supérieures offre le même dessin que le dessus, mais l'espéce
de bande noirâtre qui supporte les taches vitrées est tout-à-fait nulle. Le
dessous des ailes inférieures est d'un blanc un peu bleuâtre avec la côte noirâtre, marquée d'une tache noire distincte; le bord près de la frange est brunâtre, souvent précédé d'une raie sinuée de la même couleur, distincte ou
fondue avec le bord lui-même. Outre cela, on voit quelquefois dans certains
individus une rangée de taches obscures, peu marquées, sur le tiers postérieur de l'aile.

Le corps est brunâtre en dessus et blanchâtre en dessous.

Elle se trouve assez communément à Madagascar.

Nous pensons que cette espéce ne peut être séparée de l'*Ophion* de Drury,
qui habite la côte occidentale d'Afrique. Elle est un peu plus petite, mais
elle offre tout-à-fait le même dessin. Dans les individus du Sénégal, au lieu
d'une tache noire distincte le long de la côte en dessous des inférieures, il
y en a trois, lesquelles existent de même dans ceux de Madagascar; mais
chez ces derniers il n'y en a qu'une de bien marquée.

Elle se distinguera aussi de la *Nepos* de Latreille, 1° par le manque des
deux taches noirâtres entre les taches vitrées et la base des ailes supérieures
2° par le défaut de tache noire distincte sur la côte des inférieures, etc.

Cette dernière habite Java.

5. T. Sabadius. Pl. 9. fig. 2.

Alis maris rufescentibus fascia communi, obsoleta, fusca; posticis subtus dilute
rufis, maculis fuscis biseriatis.

Anticis feminæ fascia maculari punctisque apicalibus vitreis.

Boisd. *in Iconog. du Règne anim.* par Guérin. *Ins.* pl. 82.

Elle ressemble un peu pour le *facies* à l'*Hesperia Eacus* de Latreille, que
cet auteur rapporte au *P. Dan* de Fabricius, mais qui est certainement une
tout autre espéce. Il est, du reste, à-peu-près impossible de reconnoître la
plupart des Hespéries de Fabricius, d'après ses descriptions incomplètes; il
arrive très souvent qu'une de ses phrases latines convient à une vingtaine
d'espéces.

Nous n'en possédons que trois individus. Le mâle est d'une couleur roussâtre, ses ailes sont traversées au-delà du milieu par une raie sinueuse, brune, peu prononcée. Les supérieures ont, en outre, un point brunâtre presque central. Les ailes inférieures ont sur le milieu une autre raie à-peu-près semblable et parallèle, mais encore moins prononcée. Le dessous des ailes est d'un roux presque fauve, sur-tout sur les inférieures. Ces dernières ailes sont traversées par deux rangées de taches brunâtres, correspondant aux deux raies du dessus. Le corps participe de la couleur des ailes.

La femelle est un peu plus grande que le mâle; ses ailes supérieures ont sur le milieu une bande transverse formée de cinq taches vitrées, dont deux très petites. Le sommet est en outre marqué d'un arc de quatre petits points transparents.

Nous n'avons vu que deux mâles, il est possible que quelques uns offrent des points transparents.

Elle se trouve à Maurice et à Bourbon.

GENRE HESPERIA. *Boisd.* Hesperiæ. *Lat.*

I. H. HAVEI. *Boisd.*

Alis fuscis; anticis puncto discoidali alteroque minutissimo vix conspicuo, albo-vitreis; posticis subtus fusco-cinereis fascia abbreviata fusca, superjectis punctis minutis, albis, vix conspicuis.

Elle est de la taille de *Linea* dont elle a le port. Ses quatre ailes sont d'un noir brun avec la frange un peu grisâtre. Les supérieures sont marquées d'un point central blanc, précédé extérieurement d'un très petit point de la même couleur, à peine visible. Le dessous des supérieures est plus pâle, un peu grisâtre, et offre en outre vers le sommet un arc de très petits points blancs, transparents, très foiblement distincts. Le dessous des inférieures est d'un brun grisâtre, traversé au milieu par une petite bande courte, brune, sur laquelle sont alignés quelques petits points transparents, à peine distincts; il y en a un autre un peu plus gros vers la côte. Le corps participe de la couleur des ailes. Les antennes sont brunâtres en dessus et d'un blanc jaunâtre en dessous, avec la moitié antérieure de la massue plus obscure.

Elle a été découverte à Madagascar par M. Goudot.

Dédiée à feu Havé de Rouen, jeune naturaliste, mort à Madagascar, victime de son zèle pour les sciences naturelles.

2. H. POUTIERI. *Boisd.*

Alis fuscis; anticis punctis mediis, duobus, albis; omnibus subtus fusco-lutescen-
tibus, singulis albo bipunctatis.

Elle est à-peu-près de la taille de *Comma.* Le dessus de ses ailes est d'un
brun noirâtre, avec la frange un peu plus pâle. Les supérieures ont sur le
milieu deux petits points blancs, transparents, souvent précédés vers le
sommet d'un autre petit point de la même couleur, beaucoup plus petit, et
à peine visible. Les inférieures sont sans taches. Le dessous des supérieures
est brun avec la côte jaunâtre et les mêmes points qu'en dessus. Le dessous
des inférieures est teinté de jaunâtre dans toute sa surface avec deux petits
points blancs rapprochés, peu distincts, et dont un manque quelquefois.
Le dessous du corps est d'un brun jaunâtre. Le corselet est garni de quelques poils d'un jaune verdâtre, ainsi que la tête. Les antennes sont brunes
en dessus, blanchâtres en dessous avec le bout de la massue noirâtre.

Elle se trouve à Tintingue, à Sainte-Marie et à Foule-Pointe.

Dédiée à M. Poutier, officier de marine.

3. H. BORBONICA. *Boisd.* Pl. 9. fig. 5 et 6.

Alis fuscis fimbria cinerea; anticis fascia maculari e punctis vitreo-albis; posticis
subtus fusco-lutescentibus punctis tribus albis fusco subocellatis.

Elle est un peu plus grande que la précédente. Ses ailes sont d'une couleur brunâtre avec la frange un peu cendrée. Les supérieures sont traversées
obliquement un peu au-delà du milieu, par une bande de quatre taches
d'un blanc transparent, dont les deux antérieures sont beaucoup plus petites, et dont la plus près du bord interne est souvent plus ou moins jaunâtre. Outre cela, on voit vers le sommet, près de la côte, un groupe de
trois petits points blancs, tombant verticalement sur la première tache
antérieure, et s'alignant avec elle. Le dessous de ces ailes offre le même
dessin, mais la côte est teintée de jaunâtre. Le dessous des inférieures
est teinté de jaunâtre dans toute sa surface, et on y voit une rangée un peu
courbe de trois points entourés d'un petit cercle brun qui les fait paroître
presque ocellés. Le corps participe de la couleur des ailes.

Elle se trouve assez communément à Bourbon et à Maurice.

On la connoît à Bourbon, sous le nom d'*Hesperia Mathias.* L'espéce décrite

'dans Fabricius, qui porte ce nom, habite la côte de Coromandel, et la description qu'en donne cet auteur, convient moins à notre *Borbonica* qu'à
trente autres espéces différentes.

4. H. Coroller. *Boisd.* Pl. 9. fig. 8.

Alis luteo-fulvis, singularum ambitu omni fusco; posticarum fimbria fulva;
subtus luteis, margine basique obscurioribus.

Elle a le port et à-peu-près la taille de l'*Hesperia Maro* de Fabricius. Le
dessus est d'un fauve vif, avec la base brunâtre. Les supérieures ont à l'extrémité une bordure noire, assez large, et sur le milieu de la côte une tache
de la même couleur qui se lie par une liture à la bordure, en isolant vers
le sommet une petite tache fauve. Les ailes inférieures ont le contour noirâtre, avec la frange d'un fauve vif. Le dessous des ailes supérieures est un peu
plus pâle, et les parties noirâtres du dessus sont lavées de fauve, sur-tout
vers le sommet. Le dessous des inférieures est jaune avec l'empreinte du
dessin de la surface opposée, indiquée par une teinte plus obscure. Le corps
est noirâtre en dessus, et lavé de jaunâtre en dessous. Les antennes sont
noires en dessus, finement annelées de gris, jaunes en dessous, avec la
massue noire.

La femelle est plus grande que le mâle, et ses ailes sont plus obscures à
la base.

Cette jolie espéce se trouve à Sainte-Marie et à la Grande-Terre.

5. H. Marchalii. *Boisd.*

Alis fusco-subrufescentibus; anticis macula punctoque comitanti albido-hyalinis;
omnibus subtus luteo-rufis.

Elle est un peu plus grande que *Borbonica*. Ses ailes sont d'un brun plus
ou moins roussâtre. Les supérieures ont sur leur milieu une petite tache
presque carrée, d'un blanc un peu transparent, précédée extérieurement
d'un point blanc qui en est éloigné d'environ une ligne. Les ailes inférieures
sont un peu moins obscures que les supérieures, et leur frange est d'un jaune
roux. Le dessous des quatre ailes est d'un jaune roux. Les supérieures offrent la même tache et le même point qu'en dessus. Le dessus du corselet
est d'un jaune-verdâtre mêlé de brun. Le dessous du corps et les pattes sont
roussâtres. Les antennes sont noirâtres en dessus, jaunâtres en dessous avec
l'extrémité de la massue noire.

La femelle n'offre aucune différence.

Cette espèce a été découverte à Maurice par M. Marchal, à qui nous l'avons dédiée.

6. H ? Andracne. *Boisd.*

Alis luteo-pallescentibus; anticis fascia media e maculis arcuque apicali e punctis, diaphanis; posticis basi obscuris, maculis submarginalibus fuscis, fasciatim digestis; omnibus subtus fere concoloribus.

Cette espèce est en très mauvais état, et les deux seuls individus que nous possédions sont des femelles. Elle a le port des espèces ci-dessus, et elle est à-peu-près de la taille de la *Thymele Sabadius*. Ses ailes sont d'une couleur jaunâtre. Les supérieures ont au milieu une bande transverse, courbe, irrégulière, formée de taches vitrées, cernées d'un peu de brun, au nombre de six à sept, et dont celle qui est placée au-dessous de la nervure médiane est ovale oblongue, beaucoup plus grande que les autres. Ces mêmes ailes ont, près du sommet, un arc irrégulier formé de six à sept points mal alignés, de la même couleur; leur base est obscurcie de brun olivâtre, et cette couleur s'étend un peu le long du bord interne de l'aile où elle est coupée par une espèce de tache pâle. Les ailes inférieures ont la base d'un brun olivâtre, et près de leur extrémité on remarque une rangée de taches de la même couleur, formant presque une bande marginale. Le dessous des ailes offre à-peu-près le même dessin que le dessus; mais les taches noirâtres des ailes inférieures sont un peu plus marquées et plus nettes.

Le corselet est jaunâtre. Les antennes manquent; de sorte que nous ne pouvons pas affirmer qu'elle n'appartient pas au genre *Thymele*.

Elle se trouve à Madagascar.

GENRE STEROPES. *Boisd.* Hesperiæ. *Lat. God.*

1. S. Malgacha. *Boisd.*

Alis fuscis, maculis luteis, transversim biseriatis; posticis subtus luteis maculis ut supra.

Elle a tout-à-fait le port et la taille de *Paniscus* d'Europe ou de *Metis* du Cap de Bonne-Espérance. Ses quatre ailes sont brunes, garnies de quelques poils jaunâtres vers la base; elles sont traversées par deux rangées communes de petites taches jaunes, dont la première est un peu au-delà du milieu, et la seconde entre celle-ci et le bord extérieur. On remarque quelquefois en outre sur les ailes supérieures quelques autres petites taches de la même couleur près de la frange. Le dessous des ailes supérieures offre les mêmes taches qu'en dessus, avec toute la côte et le sommet jaunes. Le dessous des ailes inférieures est également jaunâtre, et on y distingue les taches du dessus qui sont d'un jaune plus pur que le fond. Le corps est d'un brun jaunâtre en dessus, et d'une couleur jaunâtre en dessous.

Nous ne connoissons pas la femelle.

Cette espéce a été trouvée dans les bois aux environs de Tamatave par M. Goudot.

2. S. Bernieri. Boisd. Pl. 9. fig. 9.

Alis fuscis; anticis fascia maculari lutea; posticis subtus fusco-lutescentibus fascia maculari lutea.

Elle est à-peu-près de la taille de la précédente, et elle se rapproche beaucoup par le dessin de la Rhadama. Le dessus de ses quatre ailes est d'un brun noirâtre. Les supérieures offrent sur le milieu trois taches jaunes alignées, dont la plus grosse est au-dessous de la nervure médiane; les deux autres, sont beaucoup plus petites, quelquefois réunies et peu marquées. Sur le côté externe de ces trois taches, on voit deux autres taches de la même couleur alignées obliquement. Les ailes inférieures sont sans taches. Le dessous des ailes supérieures est brun avec la côte jaune, depuis sa base jusqu'aux trois taches alignées. Le dessous des inférieures est d'un brun jaunâtre avec une rangée postérieure, arquée, de quatre taches jaunes, laquelle est précédée, du côté de la base, d'une ou deux taches de la même couleur, mais peu distinctes. Le corps participe de la couleur des ailes. Les antennes sont noirâtres en dessus, jaunâtres en dessous, avec la massue noire.

Elle se trouve à Madagascar.

Nous ne connoissons pas la femelle.

Dédiée à M. Bernier, possesseur d'une riche collection d'insectes qu'il a recueillis lui-même à Madagascar.

3. S. Rhadama. *Boisd.* Pl. 9. fig. 10 et 11.

Alis fuscis ; anticis punctis minutis, luteis ; posticis subtus fusco-lutescentibus fascia maculari lutea.

Elle est au moins un tiers plus petite que la précédente. Le dessus de ses ailes est d'un brun noirâtre. Les supérieures ont sur le milieu deux petits points jaunes, à peine séparés par la nervure médiane. Sur leur côté externe est une rangée oblique de quatre à cinq points de la même couleur. Les inférieures sont sans taches. Le dessous des supérieures est d'un brun un peu jaunâtre, avec les points du dessus plus gros et mieux marqués. Le dessous des ailes inférieures est d'un brun jaunâtre, avec une rangée postérieure de cinq à six taches jaunes, précédées, du côté de la base, de trois ou quatre taches de la même couleur. Le corps participe de la couleur des ailes. Les antennes sont noirâtres en dessus, d'un gris un peu jaunâtre en dessous, avec le bout de la massue noire.

La femelle est de la taille du mâle ; elle a une teinte un peu plus brune en dessous, mais elle n'offre aucune différence pour la disposition des taches.

Elle se trouve communément, pendant une grande partie de l'année, à Madagascar.

AGARISTIDES.

GENRE AGARISTA. *Lat.*

A. PALES. Pl. 10. fig. 1 et 2.

Alis nigris fimbria apicali alba; anticis fascia alba; posticis macula magna
discoidali cærulea, his subtus dimidiatim fulvis.

BOISD. *in Iconog. du Règ. anim.* par Guérin. *Ins.* Pl. 83. fig. 1 et 1.a.

Les ailes sont d'un noir foncé avec la frange qui borde le sommet entièrement blanche. Les supérieures ont vers la base quelques points blancs,
dont un plus apparent sur le milieu, suivi en dehors d'une bande blanche,
divisée en cinq taches par les nervures. Les ailes inférieures ont sur le milieu de leur surface une grande tache d'un beau bleu ciel. Le dessous des
ailes inférieures est d'un beau jaune fauve, depuis la base jusqu'au-delà du
milieu; cette couleur couvre les pattes, tout le dessous du corps et la base
des ailes supérieures. Le corps est noir en dessus, avec quelques points blanchâtres sur le corselet.

Ce bel insecte a été découvert à Madagascar par M. Goudot.

SPHINGIDES.

GENRE DEILEPHILA. *Ochs.* Sphinges. *Auct.*

Ce genre est le plus nombreux de la tribu; il se trouve par tout le globe.

1. D. SACLAVORUM. *Boisd.* Pl. 10. fig. 6.

Alis anticis cinereo-olivaceis puncto centrali, minuto, nigro strigisque duobus obso-
letis, obliquis, fusco-olivaceis; posticis nigro-fuscis angulo anali dilutiori cine-
reo-subincarnescente.

Il est un peu plus petit qu'*Eson*, dont il se rapproche beaucoup. Ses ailes
sont proportionnellement moins alongées. Les supérieures sont d'un gris
légèrement olivâtre, un peu luisantes, d'un ton plus clair vers l'extrémité,
avec un petit point noir sur leur milieu, lequel est suivi en dehors de plusieurs raies ou lignes obliques, peu tranchées, un peu plus obscures que le
fond. Les ailes inférieures sont noirâtres avec la frange plus pâle, et une
éclaircie d'un incarnat grisâtre près de l'angle anal. Le corselet est olivâtre,
avec une raie latérale d'un blanc grisâtre, s'étendant depuis l'extrémité des
palpes jusqu'à la base des ailes inférieures. Les antennes sont d'un gris jaunâtre. L'abdomen est olivâtre en dessus avec une traînée latérale peu apparente d'un jaune roux, qui offre, comme dans *Eson*, quelques atomes dorés.
Le dessous des ailes est à-peu-près comme dans *Celerio* et *Eson*.

La femelle diffère peu du mâle, seulement ses ailes inférieures sont un
peu plus noirâtres.

Il se trouve à Madagascar, et probablement à Bourbon.

2. D. ESON.

Alis anticis cinereo-fuscis, strigis plurimis, parallelis, obscurioribus, punctoque
minuto, centrali, fusco; posticis rubro-roseis basi nigris, margine fusco; tho-
race fusco-subolivaceo lineis duabus albidis.

Cram. 246. C.

Il est à-peu-près de la taille de *Celerio*, et il a le *facies* des espèces connues
sous les noms de *Cretica*, *Thyelia* et *Alecto*. Ses ailes supérieures ont la même
forme que celles du *Capensis*. Elles sont d'une couleur cendrée brunâtre qui a

quelque chose d'olivâtre, traversées obliquement du sommet au bord interne
par un certain nombre de petites raies ou lignes peu prononcées, et un peu
plus obscures que le fond. Entre ces raies il existe souvent une bande oblique un peu plus pâle que le fond. Le centre de l'aile est marqué d'un très
petit point noirâtre. On voit aussi à leur base un petit faisceau de poils noirs.
Les ailes inférieures sont d'un rouge rose avec la base noire et une bordure
d'un cendré noirâtre, assez étroite; leur angle anal forme une petite saillie,
et il est d'une teinte plus pâle. Le corselet est olivâtre avec une raie latérale
blanchâtre, s'étendant depuis l'extrémité des palpes jusqu'à la base des ailes
inférieures. L'abdomen est en dessus d'une teinte olivâtre, avec une petite
raie dorsale plus obscure, et une traînée latérale d'atomes d'un roux plus ou
moins doré. Le dessous du corps est d'un gris rosé. Les antennes sont blanchâtres. Le dessous des ailes est d'un jaune ferrugineux, avec une raie transverse plus obscure, près de l'extrémité, et le disque des supérieures un peu
rougeâtre.

Il se trouve assez communément à Maurice, Bourbon, et Madagascar. Il
habite aussi le Cap de Bonne-Espérance, et la côte de Coromandel. Il vole
communément après le coucher du soleil sur les balsamines.

La chenille ressemble à celle de *Celerio*. Elle est d'un noir violâtre ou couleur de lie de vin, et comme marbrée. Le tête et les premiers anneaux sont
d'un jaune roussâtre avec un œil noir de chaque côté. Le long des pattes on
observe, en outre, une raie noire anguleuse; la queue est blanche avec la
base d'un noir foncé. Cette dernière couleur s'étend sur le dernier anneau,
et forme une espèce d'écusson.

La chrysalide est alongée, d'un brun clair, avec la pointe de l'extrémité
assez saillante, et une rangée de points noirs de chaque côté, entourés
chacun d'une tache couleur de chair.

La chenille vit sur la vigne et sur la balsamine (*impatiens balsamina*).

3. D. CELERIO.

Alis anticis griseis, strigis albis nigrisque, fascia albida argento-nitente; posticis
fuscis, basi maculisque sex rubris.

Sphinx celerio. LINN. *Syst. nat.* I. 2. 800. 12.
FAB. *Ent. Syst.* III. 1. 370. 43. OCHS. etc.
CRAM. 125. E.

' HUBN. SCHMETT. *Sphing.* tab. 10. f. 59.—*Larv. lepid. sph.* III. f. 1. a.

· *Le Phénix*, ERNST. *Pap. d'Europe.* Pl. 90. f. 157. a.

Il se trouve très communément à Bourbon, à Maurice, et à Madagascar. Il habite aussi les Indes orientales, toute l'Afrique, et le midi de l'Europe.

La chenille vit en Europe sur la *vigne.* Dans les pays ci-dessus, elle vit sur la vigne et les caillelaits (*Gallium*). On la rencontre très fréquemment en janvier, en mai et juillet.

4. D. IDRIEUS. Pl. 10. fig. 5.

Alis denticulatis; anticis viridibus, strigis obsoletis obscurioribus, macula centrali, minuta, albida; posticis fulvis margine fusco; abdominis segmentis ultimis punctis lateralibus albis.

DRURY. *Ins.* III. Pl. 2. fig. 2.

Sphinx clio. FAB. *Ent. Syst.* III. 1. p. 377. n° 65.

Quoique Fabricius ne cite pas la figure de Drury, il nous semble qu'il ne peut y avoir de doute sur l'identité de son *Sphinx Clio* avec l'*Idrieus* de l'auteur susmentionné. Il est plus petit d'un tiers que le *Porcellus* d'Europe dont il a le port. Ses ailes supérieures sont vertes, avec un petit point central noir, surmonté d'un petit trait blanchâtre plus ou moins marqué. Entre le point central et l'extrémité elles sont traversées par trois ou quatre petites lignes peu marquées, d'un vert plus obscur que le fond. Les ailes inférieures sont denticulées, d'un fauve ferrugineux, avec une bordure noirâtre. Leur angle anal forme une petite saillie. La bordure noire des ailes inférieures remonte un peu sur l'angle anal des supérieures. L'abdomen, la tête et le corselet sont du même vert que les ailes. Sur les derniers anneaux on remarque une rangée latérale de trois ou quatre points d'un blanc doré ou argentin. Les antennes sont d'un jaune un peu roux. Le dessous des ailes est d'un roux verdâtre. Le dessous du corps est d'un vert pâle.

Il se trouve à Bourbon, à Maurice, et à Madagascar. Il habite aussi la côte de Guinée et le Sénégal, mais il est assez rare par-tout.

5. D. LACORDAIREI. *Boisd.* Pl. 11. fig. 1.

Alis anticis viridibus, basi punctoque minuto, centrali, fuscis; posticis vivide fulvis nigro bifasciatis; abdomine viridi punctis lateralibus albis.

Il est un tiers plus grand que *Celerio*, ou à-peu-près de la taille de *Nerii.*

Ses ailes supérieures sont d'un beau vert, avec un petit point central noir.
Leur base est noirâtre avec quelques petits faisceaux de poils grisâtres. L'extrémité est d'un ton plus pâle que le reste de la surface, et offre quelques
ondes brunes. Sur le bord interne, près de leur angle anal, on observe une
tache brune assez grosse. Les ailes inférieures sont d'un beau jaune fauve
avec la base un peu noirâtre; elles sont traversées au milieu par une bande
noire n'atteignant pas le bord externe, et terminées à l'extrémité par une
autre bande de la même couleur, fortement teintée de gris jaunâtre vers le bord
abdominal. La tête et le corselet sont d'un beau vert luisant. L'abdomen est
de la même couleur, et il présente sur chaque côté une rangée de taches d'un
blanc doré ou argentin, plus ou moins distinctes, et formées par de petits
faisceaux de poils écailleux. Le dessous est verdâtre avec le disque des
ailes supérieures ferrugineux. Les antennes sont roussâtres.

Cette jolie espéce que nous avons dédiée à M. Lacordaire, savant entomologiste qui a exploré l'Amérique du sud, se trouve à Madagascar et à Bourbon.

6. D. NERII.

Alis viridibus fasciis marmoratis, pallidioribus, saturatioribus, roseis, flaves-
centibusque.

LINN. *Syst. nat.* I. 2. 798. 5.
FAB. *Ent. Syst.* III. 1. p. 360. 13.—etc.
CRAM. 224. D.
HUBN. *Sphing.* tab. II. f. 63.—*Larv. Lep.* II. *Sph.* III. fig. 1. a. b.
Sphinx du nérion. ERNST. *Pap. d'Europe.* 104. f. 153.
Sphinx du laurier-rose. GOD. *Pap. de France, crepusc.*

Il se trouve assez communément à Maurice, à Bourbon, et à Madagascar.
Il habite aussi toute l'Afrique, l'Asie-Mineure, le Bengale, et le midi de
l'Europe.

Les chenilles ne diffèrent en rien de celles d'Europe; elles vivent de même
sur les *Nerium;* on les trouve en mai, en août, en décembre et en janvier.

7. D. MORPHEUS.

Alis anticis fusco-olivaceis, strigis transversis, saturatioribus, punctis duobus discoideis, geminis, albo-argenteis; posticis fuscis; abdomine cinereo-rubello cingulis fuscis.

CRAM. 149. D.

Il est un peu plus grand que *Celerio*, et il a le port et la coupe d'aile d'*OEnopion*. Ses ailes supérieures sont d'un brun olivâtre, avec quelques ondes transversales d'une couleur plus obscure. Sur leur milieu on remarque entre la nervure costale et la médiane deux points blancs, rapprochés, d'un blanc argenté. L'extrémité de ces mêmes ailes est terminée par une teinte grisâtre ou cendrée séparée de la couleur du fond par une raie sinueuse. Les ailes inférieures sont à-peu-près du même ton que les supérieures; leur frange est grisâtre, la tête, le corselet et le dos sont d'un brun olivâtre. Les côtés de l'abdomen sont d'un gris rougeâtre ou rosé, avec cinq bandes noires transversales. Le dessous des ailes est d'un gris un peu rougeâtre, avec trois raies transverses plus obscures. Le ventre est d'un gris rougeâtre avec le dessous des palpes blanc. Les antennes sont d'un gris olivâtre, avec l'extrémité plus pâle. Dans certains individus mâles l'abdomen se termine par une brosse bien prononcée.

Il se trouve à Madagascar, où il a été découvert par M. Goudot. Il habite aussi la côte de Coromandel et le Pégu. Nous possédons quelques individus recueillis sur les bords du Gange, dans lesquels les deux taches argentées sont absorbées par la couleur du fond. Il est probable que cette variété se rencontre aussi à Madagascar.

8. D. ŒNOPION.

Alis anticis fuscis ad extimum cinerascentibus, fascia transversa, grisea, utrinque albido marginata; posticis fuscis ad extimum obscurioribus.

HUBN. *Exot. Schmetterling.*

Il a le port du précédent, et il est à-peu-près de la taille de *Nerii*. Ses ailes supérieures sont d'un brun-noirâtre foncé, luisant, avec l'extrémité d'une teinte cendrée, séparée nettement de la couleur du fond; au-delà du milieu elles sont coupées transversalement par une bande droite, grisâtre, bordée de chaque côté, mais sur-tout intérieurement, par une ligne plus ou moins blanchâtre. Cette bande est un peu plus large près de la côte. Vers la base on remarque en outre une ou deux raies blanchâtres peu marquées. La frange du bord interne est blanchâtre. Les ailes inférieures sont d'un brun pâle, luisant, avec l'extrémité d'un brun noir. Le corselet et la tête sont d'une couleur brune. Le dessous des ailes est un peu rougeâtre, avec des raies transversales noirâtres plus ou moins prononcées. Les antennes sont d'un blanc-jaunâtre sale, assez minces, un peu plus obscures vers leur base. Le dessous du corps est d'un brun rougeâtre.

Il se trouve à Bourbon et à Maurice, mais assez rarement. Nous ignorons d'où provient l'individu figuré par Hubner.

GENRE SPHINX. *Boisd. Ochs.* Sphinges. *Lin. Fab. Lat.*, etc.

1. S. SOLANI. *Boisd.* Pl. 11. fig. 2.

Alis anticis fusco-cinereis strigis angulatis obscurioribus ad apicem albido-pla-giatis; posticis luteis fascia transversa media margineque lato fuscis; abdomine lateraliter maculis quatuor luteis.

Il est un peu plus grand que le *Convolvuli* dont il a le port.

Les ailes supérieures sont d'un gris obscur avec l'extrémité blanchâtre, marquées de lignes noires, ondulées et en zigzag. Les ailes inférieures sont jaunes, traversées au milieu par une bande noirâtre qui forme un sinus près de l'angle anal; leur extrémité offre aussi une large bordure noirâtre qui touche presque la bande transverse. Entre la base et la bande transverse on remarque le plus ordinairement une raie noirâtre. L'angle anal de ces mêmes ailes est saupoudré d'un peu de gris cendré. Le corselet est d'un gris brunâtre, et présente en arrière deux faisceaux de poils noirs; l'abdomen est marqué de chaque côté d'une rangée de quatre taches jaunes. La couleur jaune des ailes inférieures s'étend un peu sur la base des premières ailes. Le dessous des ailes est gris avec le bord interne des inférieures plus ou moins blanchâtre. Le dessous du corps est blanc.

Il se trouve à Bourbon, mais il y est rare, tandis qu'il est assez commun à Maurice. Nous croyons qu'il habite aussi Madagascar.

Pendant le jour il se tient appliqué contre les rochers.

La chenille a été découverte à Maurice par M. Marchal, sur l'*Aubergine*, ou *Bringelle* (*Solanum melongena*).

Elle est grisâtre, tachetée de noir, avec la tête marquée longitudinalement de six raies noires, dont les deux du milieu se réunissent en Λ renversé. Les trois premiers anneaux sont divisés par une crête dorsale formée de pointes assez dures. La corne qui surmonte le onzième anneau, est effilée, lisse, longue de six lignes et d'un gris clair. Les pattes écailleuses sont noires, les intermédiaires offrent trois anneaux, dont celui du milieu est d'un jaune clair et les deux autres noirs.

La chrysalide ressemble à celle de *Convolvuli*, mais l'extrémité de la gaîne qui renferme la trompe n'est pas repliée sur elle-même.

2. S. CONVOLVULI.

Alis cinereis, anticis fusco nigroque nebulosis; posticis nigro fasciatis; abdomine cingulis atris roseoque albo marginatis.

LINN. *Syst. nat.* I. 2. 789. n° 6.
FAB. *Ent. Syst.* III. 1. 374. 54.
HUBN. *Sphing.* tab. 14.—*Larv. Lepid.* II. *Sph.* fig. 1. a. b.—etc.
Le Sphinx à corne de bœuf, GEOFF. *Hist. des ins.* II. p. 86.
Le Sphinx du liseron, ERNST. *Pap. d'Europe.* Pl. 86. f. 114.—etc.

Ce Sphinx se trouve assez communément à Maurice, Bourbon, et Mada·gascar; il habite aussi l'Europe, l'Afrique, une partie de l'Asie, et l'île de Taïti dans la mer du Sud.

La chenille vit sur les convolvulacées, et on la trouve fréquemment dans les trois îles susmentionnées, tandis qu'en Europe elle est assez difficile à rencontrer.

GENRE BRACHYGLOSSA. *Boisd.* Sphinx. *Lin. Fab. Lat.*

B. ATROPOS.

Alis anticis fuscis, nigro luteoque variis, puncto centrali albido; posticis luteis fasciis duabus nigris; abdomine luteo, cingulis nigris; thorace capite humano inscripto.

LINN. *Syst. nat.* I. 2. 799. n° 9.
FAB. *Ent. Syst.* III. 1. 364. 27.—etc.
Le Sphinx à tête de mort. Hist. des ins. II. p. 85. n° 8.
ERNST. *Pap. d'Europe.* Pl. 105. et pl. 106.
Sphinx atropos. HUBN. *Sphing.* tab. 13. *Larv. Lepid.* II. *Sph.* III. fig. 1. a. b.

Il se trouve communément à Bourbon, à Maurice, et à Madagascar.

Il habite aussi l'Europe, toute l'Afrique, et les Indes orientales. Dans le dernier de ces pays on trouve en outre une espèce qui en est très voisine (*B. satanas*), dont les ailes inférieures sont traversées par trois bandes noires.

La chenille est très commune à Maurice et à Bourbon, et on la rencontre sur une infinité de plantes et d'arbustes; elle varie à l'infini pour la couleur; rarement elle est jaune ou verte avec des chevrons bleus ou violets comme en Europe; le plus souvent elle est d'un gris nébuleux, fascié de noir avec la tête blanche marquée de deux lignes noires; quelquefois elle est couverte de points noirs très apparents; mais dans tous les cas on la reconnoît facilement à la corne du onzième anneau qui n'offre dans aucun cas la moindre variété de forme.

Le *B. atropos* est connu aux Indes orientales et à Bourbon, sous le nom d'*ail* ou d'*haïe*, par les habitants, qui croient que la poussière qu'il jette aux yeux en volant dans les appartements rend aveugles ceux qui en sont atteints. Nous ignorons qu'est-ce qui peut avoir donné lieu à cette fable, répétée par Bernardin de Saint-Pierre dans son Voyage à l'Ile-de-France.

GENRE MACROGLOSSA. *Boisd.*

Macroglossum *scopoli.* Sphinx. *Latreille.*

1. M. MILVUS. *Boisd.* Pl. 10. fig. 3.

Alis anticis fusco cinereoque fasciato-marmoratis; posticis ferrugineis ad basin dilutioribus; abdomine lateraliter fulvo cingulato.

Il a le port et la taille du *Stellatarum* d'Europe. Ses ailes supérieures sont fasciées de grisâtre et de brun-olivâtre foncé, et elles offrent sur leur milieu près de la côte, un petit point noirâtre. Les ailes inférieures sont ferrugineuses, sans bordure; leur base est d'une couleur fauve qui se fond insensiblement avec la couleur ferrugineuse. Le corselet est d'un brun olivâtre, les côtés de l'abdomen sont fasciés de jaune-fauve assez vif, et son extrémité est terminée par une brosse noire étalée. Le dessous des ailes est ferrugineux avec des stries transversales plus obscures. Le dessous du corps est aussi d'une teinte ferrugineuse, et dans les individus bien frais il offre près des côtés une rangée de trois ou quatre points blancs. Les antennes sont noirâtres en dessus et brunes en dessous.

La femelle ne diffère pas du mâle.

Il se trouve à Bourbon et à Maurice, mais il paroît être fort rare dans cette dernière île. Il butine sur les fleurs des balsamines pendant le jour, et surtout après le coucher du soleil, dans les mois d'avril, de mai, d'août, de décembre et de février.

2. M. APUS. *Boisd.* Pl. 10. fig. 4.

Alis hyalinis; anticarum costa apiceque tenui nigris; capite thoraceque viridibus; abdomine supra lutescenti cingulis mediis duobus caudaque ferrugineis.

Il a le port, la taille et le *facies* d'*Hylas*. Ses quatre ailes sont vitrées. Les supérieures ont la côte et le bout du sommet d'un brun noir. Le bord interne de ces mêmes ailes est noirâtre couvert de poils verdâtres. La tête et le corselet sont verts avec un reflet bleuâtre. L'abdomen est jaunâtre en dessus, avec deux anneaux du milieu, d'une belle couleur ferrugineuse, dont le postérieur est quelquefois incomplet. La brosse qui termine l'abdomen est aussi d'une couleur ferrugineuse. Le dessous du corps est d'un jaune roussâtre. Les antennes sont noires.

Il se trouve à Bourbon et à Maurice, mais il est assez rare jusqu'à présent. Il butine sur les fleurs pendant le jour en janvier, mars et août.

ZYGÉNIDES.

GENRE SYNTOMIS. *Fab. Lat. Boisd.*

1. S. Myodes. *Boisd.* Pl. 11. fig. 5.

Alis anticis fuscis, maculis tribus hyalinis alteraque basali lutea; posticis luteis puncto discoidali margineque nigris; abdomine fasciis flavis dorso interruptis.

Boisd. *in Icon. du Règne animal*, par Guérin. *Ins.* Pl. 84 *bis.* n° 6.

Elle est à-peu-près de la taille de *Cerbera;* mais ses ailes postérieures sont plus courtes. Les ailes supérieures sont noirâtres, pointues, marquées de quatre taches inégales, savoir : une d'un jaune d'ocre à la base, une plus grosse et transparente sur le milieu, et deux plus petites, également transparentes, vers l'extrémité. Celle du milieu est coupée en deux par la nervure médiane; la plus grosse des deux postérieures est également divisée en deux par un rameau de la même nervure. Les ailes inférieures sont jaunes avec un point central et la bordure noirs.

Le dessous diffère peu du dessus.

Les pattes sont jaunes, ainsi que le bord des épaulettes. L'abdomen est noirâtre, avec des anneaux jaunes, interrómpus sur le dos.

Le corselet est noirâtre avec un trait jaune longitudinal sur le milieu.

La femelle ou l'individu que nous prenons pour tel est un peu plus grand; la tache jaune de la base des premières ailes est mal arrêtée, peu distincte; la partie postérieure de la tache du milieu est jaune, la plus grosse des deux de l'extrémité est aussi marquée d'un peu de jaune sur son côté externe. Le reste comme dans le mâle.

Décrite sur deux individus trouvés par M. Goudot aux environs de Tamatave.

2. S. Minuta. *Boisd.* Pl. 11. fig. 6.

Alis anticis fuscis maculis tribus hyalinis duabusque luteis; posticis luteis margine fusco; abdomine luteo punctis dorsalibus nigris.

Elle est de la taille de *S. hubneri.* Ses ailes supérieures sont noirâtres, marquées de cinq taches inégales; savoir, une petite et d'un jaune d'ocre à la base, deux sur le milieu, dont celle qui est près du bord interne, jaune, et celle qui avoisine la côte, transparente; deux également transparentes vers l'extrémité. Les ailes inférieures sont jaunes avec une petite bordure noire.

Le dessous n'offre pas de différences sensibles.

L'abdomen est d'un jaune d'ocre, avec une série dorsale de points noirâtres sur les derniers anneaux. Les pattes sont jaunes. Le corselet est noirâtre avec une petite tache jaune sur le milieu. Le collier et le front sont également jaunes.

Décrite sur un seul individu pris par M. Goudot aux environs de Tamatave.

PROCRIDES.

GENRE GLAUCOPIS. *Lat.* Charidea. *Dalman.*

1. G. Formosa (1). *Boisd.* Pl. 11. fig. 3.

Alis nigris maculis flavis; anticis lunula centrali maculaque baseos cyaneo-me-
tallica; abdomine annulis sex cyaneo-metallicis cingulo fulvo interruptis; hu-
meris fulvis.

Guérin. *Iconograph. du Règne animal. Ins.* Pl. 84 *bis.*

Ses quatre ailes sont noires, avec des taches d'un jaune-soufre pâle; les
supérieures en ont deux, une grande cunéiforme vers la base, partagée
inégalement en deux par la nervure médiane, une autre transversale près de
l'extrémité, coupée en quatre par les nervures. Outre cela ces mêmes ailes
offrent sur le disque un croissant d'un bleu métallique, et tout-à-fait à la base
une tache de la même couleur. Les ailes inférieures sont aussi marquées de
deux taches jaunes, une à la base, et l'autre au milieu. Les épaulettes sont
d'un rouge fauve, bordées de noir. Le front, le collier et le milieu du corselet
sont d'un bleu métallique. L'abdomen a six anneaux d'un bleu métallique,
dont les deux antérieurs sont séparés des autres par un anneau plus large,
d'un fauve vif en dessus et blanc en dessous. Le premier anneau qui est à la
base du corselet est en dessus d'un fauve plus ou moins jaune, quelquefois
blanc saupoudré de fauve. Tous les anneaux bleus sont séparés l'un de l'autre
par du noir. Le dessous des ailes diffère très peu du dessus.

La femelle est à-peu-près semblable au mâle.

Elle se trouve très communément à Madagascar, en janvier, juillet et août.
Elle vole lentement, et se pose sur les graminées où on la rencontre souvent
accouplée. On la fait aussi tomber fréquemment en secouant les arbres.

____

(1) J'ai prêté cette espèce, sous ce nom, à M. Guérin, pour être figurée dans
son *Iconographie du Règne animal.* C'est sans doute par erreur qu'il l'a changé
en celui de *folletii.*

2. G. Madagascariensis. *Boisd.* Pl. 11. fig. 4.

Alis nigris maculis luteo-fulvescentibus basi rubricantibus; abdomine nigro-cyaneo cingulo basali albo, alteroque medio supra rubro subtus albo; collari hume-risque rubro-fulvis.

Elle est de la taille de la précédente. Ses quatre ailes sont d'un noir chatoyant, avec des taches d'un jaune d'ocre un peu fauve. Les supérieures en ont deux, dont une grande cunéiforme vers la base, rouge dans sa moitié basilaire, et une autre transversale près de l'extrémité, coupée en quatre par les nervures. Les ailes inférieures sont aussi marquées de deux taches séparées l'une de l'autre par un arc noir; celle qui est près de la base est rouge comme celle des supérieures. Les épaulettes et le collier sont d'un fauve rougeâtre. L'abdomen est d'un noir bleu, et l'anneau qui touche à la base du corselet est blanc en dessus, quelquefois saupoudré d'un peu de jaune; sur le milieu de l'abdomen est un large anneau rouge, moitié plus étroit et blanc, en dessous. La base des cuisses est marquée d'une tache blanche.

Le dessous des ailes diffère très peu du dessus.

La femelle est semblable au mâle.

Elle n'est pas très commune; elle se trouve dans les bois en juin à Tamatave, Tintingue, et Surakack.

CHELONIAIRES.

GENRE LEPTOSOMA. *Boisd.* Geometræ. *Cram.*

Nous avons établi ce genre dans notre faune de l'Océanie. Il a pour type la *Geometra Coletta* de Cramer. Les espéces paroissent être assez nombreuses dans les îles de la Sonde, les Molluques et la Nouvelle-Guinée.

L. INSULARE. *Boisd.* Pl. 12. fig. 1.

Alis anticis fusco-cinereis fascia alba; posticis albis margine fusco; singularum fimbria plagiatim alba; abdomine albido linea laterali lutea punctisque nigris.

Elle a le port et la taille de la *Coletta* de Cramer. Les ailes supérieures sont d'un cendré noirâtre, traversées au-delà du milieu par une bande oblique d'un blanc légèrement transparent, un peu coupée par les nervures, commençant près de la côte, et n'atteignant pas tout-à-fait le bord interne. Près de ce même bord on remarque le plus souvent une raie grisâtre partant de la base. Les ailes inférieures sont d'un blanc un peu transparent avec une bordure noirâtre. La frange de chaque aile est entrecoupée de blanc à deux endroits. Le corselet est ponctué de blanc. L'abdomen est blanchâtre avec une raie latérale orangée, suivie en dessous d'une rangée de points noirs. L'extrémité de l'abdomen est fauve.

Elle se trouve à Bourbon et à Maurice; mais elle y est rare, tandis qu'elle est extrémement commune à Madagascar.

GENRE EUCHELIA. *Boisd.*

Lithosiæ. *Ochs.* Callimorphæ. *Lat.*

Nous avons établi ce genre dans notre *Index methodicus* des Lépidoptères d'Europe. Il est peu abondant en espéces. Celles que nous connoissons habitent l'Europe, l'Amérique, l'Afrique, et les Indes orientales. Les chenilles vivent généralement sur les *heliotropium* et les *crotolaria.* Cependant nous soupçonnons qu'elles sont polyphages, comme la plupart des espéces de cette tribu.

1. E. PULCHRA.

Alis anticis albido-subflavescentibus, nigro sanguineoque punctatis; posticis albis nigro marginatis.

HUBNER. *Bomb.* tab. 26.
ILLIGER. *N. Ausg. dess.* 1. B. S. 179. n° 9.
Esp. Schm. tab. 164. *noct.* 85.
Tinea pulchella. LINN. *Syst. nat.* I. 2. 884. 349.
FAB. *Ent. Syst.* III. 1. 479. 224.—etc.

Cette espéce se trouve communément à Bourbon, Maurice et Madagascar. Elle habite aussi le midi de l'Europe, le Bengale, Java, et une grande partie de l'Afrique.

2. E. FORMOSA. *Boisd.* (1).

Alis anticis atris, maculis sanguineis albido marginatis plagaque media alba; posticis lacteis margine atro.

Venusta. HUBN. *Zutrag.* n°˙ 521 et 522.

Elle est un peu plus grande que *Pulchra.* Ses ailes supérieures sont noires, avec quinze ou seize taches d'un rouge de sang, presque carrées, finement bordées de blanc, sur-tout celles qui sont près de la base; sur le disque de ces mêmes ailes il existe en outre deux taches blanches, carrées, assez grandes, séparées l'une de l'autre par la nervure médiané. Les ailes inférieures sont d'un blanc un peu opalin, avec une bordure noire assez large.

Elle se trouve assez communément à Bourbon, Maurice et Madagascar.

La chenille vit sur une espéce d'*heliotropium,* appelé dans le pays *herbe à papillon.*

3. E. PYLOTIS.

Alis luteis; anticis fasciis sex e punctis nigris pallidiore cinctis; posticis maculis circiter decem nigris.

FAB. *Ent. Syst.* III. 1. p. 479. n° 222.
DRURY. *Ins.* II. tab. 6. fig. 3.

---

(1) Comme il y a déja dans l'*Analecta* de Dalman une espéce de ce genre qui porte le nom de *Venusta,* nous avons été forcé de changer le nom d'Hubner.

CLERK. *Icon.* tab. 54. fig. 4.

Cribraria. CRAM.

Nous ne pouvons trouver aucune différence notable entre le *Bombyx py-lotis* de Fabricius et la *Ph. Cribraria* de Cramer; c'est ce qui nous a engagé à les réunir. De même nous ne trouvons entre les individus de Java et ceux de Bourbon d'autres différences qu'une petite saillie plus ou moins prononcée à l'angle anal des ailes inférieures des mâles.

Elle est à-peu-près de la taille de *Formosa*. Ses ailes supérieures sont d'un jaune d'ocre foncé, traversées par six rangées de points noirs cerclés de jaune pâle. Cette couleur s'étend quelquefois sur une grande partie de la surface de l'aile, et lui donne une teinte glauque. Les ailes inférieures sont aussi d'un jaune d'ocre, avec des taches noires, dont les unes sont disposées le long du limbe, et les autres éparses sur le milieu.

La chenille est noire, ponctuée de blanc, garnie de petites touffes de poils noirs. Elle vit en société sur les liliacées et les *pancratium*. La chrysalide est rougeâtre, un peu raccourcie.

Cette espèce est commune à Maurice et Bourbon. Elle se trouve aussi à Madagascar. Elle paroît en janvier, février, juin, juillet, août et octobre. On la rencontre aussi au Bengale, à Java, et jusqu'à la Nouvelle-Hollande, d'après Fabricius.

GENRE ARCTIA. *Schrank.*

Bombyx. *Auct.* Eyprepia. *Ochs.*

A. MAURITIA.

Alis pallide fusco-murinis; anticis disco dilutiori; posticis disco albido; thorace nigro punctato; abdomine rubro punctis lateralibus nigris.

CRAM. 345. B.

Elle est de la taille de *Sanguinolenta*.

Elle se trouve à Maurice, où elle est très rare.

BOMBYCINES.

GENRE CYPRA. *Boisd.*

C. Crocipes. *Boisd.* Pl. 12. fig. 2.

Alis delicatulis, albidis, subhyalinis, immaculatis; fronte pedibusque croceis.

Elle est à-peu-près de la taille de la *Cypra Delicatula*, figurée dans notre faune de l'Océanie.

Ses quatre ailes sont blanches, un peu transparentes, d'une texture délicate. Le corselet et l'abdomen sont blancs. Les antennes sont noirâtres. La tête est blanche avec le front jaune. Les pattes sont de la même couleur. Le dessous des quatre ailes est luisant, et paroît presque dépourvu d'écailles.

Elle se trouve à Madagascar.

GENRE BOMBYX. *Boisd.* Bombyces. *Auct.*

B. Annulipes. *Boisd.* Pl. 12. fig. 3.

Alis omnibus pallide fuscescentibus anticarum costa basique saturatioribus; abdomine supra thoraceque fasciculis fuscis; pedibus nigris luteo annulatis.

Il a le port et la taille des *Bombyx rubi* et *trifolii* d'Europe; ses ailes sont d'une teinte roussâtre pâle. Les supérieures ont la côte, la base et une partie du bord interne garnies d'un duvet plus foncé. L'extrémité de ces mêmes ailes est marquée de stries longitudinales pâles, placées entre les nervures. Le corselet et le dessus de l'abdomen sont garnis de quelques faisceaux de poils d'un brun roussâtre, se fondant, plus ou moins, avec la couleur générale. La tête et les antennes sont un peu jaunâtres. Le dessous de cet insecte n'offre rien de remarquable. Les tarses sont jaunâtres, annelés de noir, ou, si l'on veut, ils sont noirs annelés de jaunâtre.

Ce Bombyx nous a été donné par M. Buquet, qui nous a assuré l'avoir reçu de l'île Bourbon.

Nous ne connoissons que le mâle.

GENRE BOROCERA. *Boisd.*

Tête très petite; trompe nulle; yeux petits, peu saillants; antennes assez minces, peu pectinées, courbées extérieurement dans leur milieu et un peu tordues; corselet velu, arrondi; abdomen plus long que les ailes inférieures; ailes reverses; pattes très velues; femelle, trois fois plus grande que le mâle.

Ce nouveau genre, dont nous ne connoissons qu'une seule espéce, doit être placé à côté de notre gènre *Megasoma,* lequel est établi, comme on sait, sur les *Bombyx Cristata, Acaciæ,* et *Repanda* des auteurs.

B. MADAGASCARIENSIS. Boisd. Pl. 12. fig. 5 et 6.

Alis maris *fusco-cinnamomeis; alis* feminæ *corticinis vel cinnamomeis; anticis striga basali sinuata; macula media reniformi strigaque obliqua fuscis.*

Le mâle ressemble pour la teinte au *Bombyx franconica* d'Europe. Ses ailes sont un peu dolabriformes, comme celles du mâle du *Megasoma repandum.* Elles sont d'un roux-cannelle foncé, sans aucun dessin. Le corselet, la tête et l'abdomen sont de la même couleur.

La femelle est très différente du mâle; elle a le port du *Bombyx trifolii.* Ses ailes sont tantôt d'un roux-cannelle, et tantôt d'un brun tanné très clair. Les supérieures sont traversées, près de la base, par une raie sinuée plus obscure que le fond, et au-delà du milieu par une autre raie de la même couleur, qui coupe l'aile obliquement. La partie renfermée entre ces deux raies est quelquefois plus obscure que le reste de la surface, et est marquée dans son centre d'une lunule brune. Les ailes inférieures offrent une légère ombre brunâtre, qui traverse leur milieu. Le corps et le corselet participent de la couleur des ailes. Les antennes sont brunes; le dessous des quatre ailes est d'un roux jaunâtre, traversé au milieu par une bande plus obscure, peu marquée.

Ce bel insecte a été trouvé par M. Goudot aux environs de Tamatave.

GENRE SATURNIA. *Ochs.* Bombyx. *Lat.*

Ph. Attacus. Linn.

1. S. ALCINOE.

Alis patulis, fuscis fascia postica albida; anticis macula vitrea, minuta, quadrata, extus bidentata; posticis oculo fulvo nigro alboque annulatim cincto.

CRAM. 322. A. B.

Il est au moins de la taille de *Cecropia;* mais ses ailes supérieures sont plus alongées et plus pointues au sommet. Les quatre ailes sont en dessus d'un brun un peu roux, traversées, près de leur extrémité, par une bande blanchâtre, assez étroite, précédée d'une petite raie blanche. Les supérieures ont au-delà du milieu une tache vitrée assez petite, carrée, échancrée en angle aigu sur son côté externe, de manière à présenter deux dents. Les ailes inférieures ont aussi un peu au-delà du milieu une tache oculaire ferrugineuse, entourée d'un cercle noir, puis d'un cercle blanchâtre. En dessous la bande blanche commune est à peine sentie. La tache carrée des premières ailes est comme en dessus. Les inférieures présentent à la place de la tache oculaire un petit œil brunâtre, plus clair au milieu.

Il a été trouvé à Tamatave, sur les manguiers, par M. Goudot.

2. S. Mangiferæ (1). *Sganzin.*

Alis pallide rufescentibus; singulis oculo vitreo, ferrugineo cincto.

Il est à-peu-près de la taille du précédent. Ses quatre ailes sont d'un roux clair, presque couleur de café au lait; elles sont un peu découpées dans le genre de celles de l'*Atlas,* et elles sont marquées chacune d'une tache ocellée, vitrée, entourée de roux vif.

Il se trouve sur les manguiers.

La chenille, qui est peut-être bien aussi celle de l'espéce suivante, est noire, fasciée de jaune, hérissée d'aigrettes épineuses. (Sganzin.)

3. S. Suraka. *Boisd.* Pl. 12. fig. 4.

Alis anticis ferrugineo-cinnamomeis strigis duabus obscuris interjecto oculo obsoleto; posticis roseo-subviolaceis, annulo intensiori includente oculum ferrugineum iride nigro.

Il est de la taille du *Capensis* et il a le port du *Cecropia.* Les ailes supérieures sont d'un roux-cannelle vif, avec la côte piquée de grisâtre depuis la base jusqu'au milieu, et l'extrémité apicale lavée de rouge violâtre. Elles sont traversées par deux raies d'un gris-violâtre brun, blanchâtres près de la côte. Entre ces deux raies transverses on remarque un œil légèrement pupillé de blanc, à-peu-près de la couleur du fond, entouré d'un petit cercle noir, fine-

---

(1) Je ne connois pas cette espéce. Cette description est extraite littéralement d'une note de M. Sganzin. *Boisd.*

ment bordé de blanc sur son côté interne dans la partie qui regarde la base. Les ailes inférieures sont d'un rouge un peu violet, avec l'extrémité d'un roux-cannelle. Sur le milieu elles ont une grande tache annulaire plus intense que le fond, laquelle renferme un œil roux à iris noir, bordé intérieurement par un croissant blanchâtre. Dans cette même tache annulaire on voit près du bord abdominal une éclaircie roussâtre. Le corselet est de la couleur des ailes supérieures, avec le collier d'un blanc grisâtre : l'abdomen manque dans notre individu.

Le dessous des quatre ailes est d'un ton violâtre, avec l'œil des supérieures beaucoup plus prononcé qu'en dessus, et celui des inférieures tout-à-fait nul.

Cette belle espèce, dont nous ne connoissons que le mâle, a été prise à Surakack.

NOCTUÉLIDES.

GENRE HADENA. *Ochs.* Noctua. *Auct.*

1. H. PANCRATII.

Alis anticis nitidis, nigricantibus, fascia latiori ferruginea ; posticis albis (feminæ ad extimum nigro-fumosis).

Agrotis pancratii. OCHS-TREITSCH. I. p. 182. n° 27.
Noctua pancratii. HUBN. *Noct.* tab. 84. fig. 391.
CYRILLI. *Ent. Neap.* tab. 12. fig. 4.
GOD-DUP. *Pap. de France.* T. 5. Pl. 70. fig. 1 et 2.
Noctua Dominica. CRAM. 399. H.

Elle se trouve à Bourbon, Maurice et Madagascar.

Elle habite aussi les bords de la Méditerranée et tout le littoral de l'Afrique.

La chenille vit sur les *pancratium*. Elle est d'une couleur noirâtre, avec cinq doubles taches blanches à la jonction de chaque anneau; ses pattes écailleuses sont noires, les autres, ainsi que la tête et l'extrémité du dernier anneau, sont d'un orangé ferrugineux, varié d'un peu de noirâtre.

2. H. LITTORALIS. *Boisd.* Pl. 13. fig. 8.

Alis anticis fusco-violascentibus, maculis ordinariis nervo medio albido junctis, strigis transversis pallidis, maculisque apicalibus sagittatis nigris; posticis albo-opalinis.

Elle a le port et un peu le *facies* de la *noctua Commelinæ* de Smith-Abbot, et elle forme, avec cette espèce et deux ou trois autres, une petite race particulière dans le genre *Hadena*. Elle est à-peu-près de la taille de *Pancratii.* Ses ailes supérieures sont d'un gris violâtre ou d'un brun violâtre, traversées, comme dans la plupart des Noctuélides, par trois raies plus pâles que le fond. Les taches ordinaires sont d'un blanc violâtre, jointes, l'une à l'autre, par la nervure médiane qui est blanchâtre, ainsi que ses ramifications. La tache orbiculaire est alongée et placée obliquement. Près de l'extrémité de l'aile on observe une suite de traits noirs un peu sagittés, appuyés postérieurement sur une raie transverse. La frange est entrecoupée de gris blanchâtre. Les ailes inférieures sont blanches, avec un reflet opalin assez brillant. Le corselet est grisâtre.

Elle se trouve communément à Maurice, Bourbon et Madagascar, et tout le long du littoral de l'Afrique.

La chenille, d'après la description que nous a communiquée M. Marchal, est rase, d'un gris foncé, avec une petite tache noire de chaque côté des deuxième, dixième et onzième anneaux, et un petit point jaune de chaque côté du troisième. La tête est brune. Elle vit sur une plante appelée dans le pays, *trompette du jugement*, et elle se métamorphose dans la terre.

3. H. Mauritia. *Boisd.* Pl. 13. fig. 9.

Alis anticis cinereis, strigis transversis, pallidioribus, macula reniformi nigra quadrata plagaque obscura ad apicem; posticis albidis, nitentibus.

Elle a le port et la taille de la précédente. Ses ailes supérieures sont d'un gris-cendré pâle, avec des raies transverses sinuées d'un gris blanc, dont deux à la base finement ombrées ou bordées de brun sur un de leurs côtés. La tache orbiculaire n'est pas distincte; la tache réniforme est remplacée par une tache noire bien marquée et presque carrée. La raie qui vient ensuite est bordée sur son côté interne d'une suite de petits arcs noirs. La raie qui est à l'extrémité est un peu plus blanche que les autres, et quelques unes de ses dents offrent une petite pointe noire sagittée, mais bien peu distincte. Entre ces deux raies on observe en outre un espace d'un noir brun, et tout-à-fait à l'extrémité, près de la frange, un rang de petits points noirs placés sur les nervures. Les ailes inférieures sont d'un blanc un peu opalin, avec le côté externe légèrement obscur. Le corselet est cendré comme les ailes supérieures. Le dessous des ailes inférieures a une teinte opaline très prononcée.

Elle se trouve à Maurice et à Bourbon.

GENRE APAMEA. *Ochs.* Noctua. *Auct.*

Les deux espèces suivantes, sur-tout la première, n'appartiennent qu'imparfaitement au genre *apamea*.

1. A. LITIGIOSA. *Boisd.* Pl. 16. fig. 3.

Alis anticis fusco-violascentibus, strigis transversis, undatis, brunneis, obscuriori marginatis, maculaque ad marginem internum, fusca ; posticis utrinque nigris basi albidis ; anticis subtus medio albidis.

Elle est à-peu-près de la taille de l'*Eurhipia Adulatrix* d'Europe. Ses ailes supérieures sont d'un brun un peu violâtre, avec des raies transverses ondulées, sinueuses, d'un brun clair, doublées, sur un de leurs côtés, par une raie brune. La première raie basilaire est peu marquée ; la seconde est aussi assez peu marquée à son origine près de la côte, mais elle se dilate en arrivant sur le bord interne où elle forme une tache noire assez prononcée. Les taches ordinaires ne sont pas indiquées, la raie qui vient à leur suite est sinuée assez profondément ; la dernière ou fulgurale est presque droite. La partie de l'aile sur laquelle est placée cette dernière raie est d'un ton plus obscur que le restant de la surface. Les ailes inférieures sont noires, avec la base d'un blanc foiblement opalin. Le corselet participe de la couleur des ailes supérieures. Le dessous des ailes inférieures ne diffère pas du dessus. Celui des supérieures offre, sur le milieu du disque, une tache ou éclaircie blanchâtre, comme la base des inférieures.

Elle se trouve à Maurice. Je ne connois que le mâle.

2. A. BASIMACULA. *Boisd.*

Alis anticis pallide cinereis, striga transversa pallida, macula basali alterisque apicalibus nigris ; posticis fuscis ad basin pallidioribus.

Elle est un quart plus petite que la *Didyma* d'Europe. Ses ailes supérieures sont d'un cendré pâle un peu rougeâtre, avec une seule raie transverse enveloppant extérieurement les taches ordinaires. A la base elles sont marquées d'une tache noire échancrée du côté qui regarde la côte. La tache orbiculaire est petite, bien arrondie, noire avec le centre de la couleur du fond. La tache réniforme est également noire, plus pâle dans son centre et divisée par des nervures blanchâtres. L'extrémité de l'aile est marquée de plusieurs taches noires, dont quatre ou cinq près du sommet. Le corselet est d'un gris un peu rougeâtre. Les ailes inférieures sont grisâtres avec la moitié postérieure plus obscure. Le dessous des ailes n'offre aucun caractère particulier.

Elle se trouve à Maurice.

GENRE COSMOPHILA. *Boisd.*

Tête moins large que le corselet; yeux assez saillants; antennes légèrement pectinées dans les mâles, filiformes dans les femelles; palpes très écartés, ascendants, un peu recourbés en arrière, le dernier article grêle, aussi long que le précédent; trompe assez longue; corselet ordinaire; abdomen cylindrico-conique dépourvu de crêtes en dessus.

Ailes en toit, les supérieures tronquées au sommet.

Au premier aspect ce genre paroît avoir de grands rapports avec les *Xanthia*, sur-tout avec l'espéce appelée *Xerampelina*. Mais par ses palpes écartés et un peu recourbés, il forme un type assez anomal parmi les Noctuélides.

C. Xanthindyma. *Boisd.* Pl. 13. fig. 7.

Alis anticis apice truncatis, luteis, strigis ferrugineis fasciaque lata marginali obscuriori; posticis ferrugineis.

Elle est de la taille de la *Xerampelina* d'Europe. Ses ailes supérieures sont jaunes, avec le tiers postérieur plus obscur, et le plus souvent d'un brun violâtre, sur-tout dans les mâles. La tache réniforme est peu distincte, et elle se trouve sur cette partie obscure; l'orbiculaire est bien marquée, ferrugineuse, et d'un jaune pâle dans son centre. Entre celle-ci et la base il y a deux lignes ferrugineuses, sinueuses; il y en a également deux sur la portion obscure de l'aile. Outre cela le fond jaune est souvent semé d'atomes ferrugineux. Les ailes inférieures sont d'un gris jaunâtre ou d'un gris sale, ainsi que l'abdomen. Le corselet est de la couleur des ailes supérieures.

Elle se trouve à Maurice et à Bourbon. J'en ai aussi reçu plusieurs individus de la côte de Malabar.

PLUSIDES.

GENRE PLUSIA. *Ochs.* Noctua. *Auct.*

1. P. AURIFERA.

Alis anticis dilute fuscis, macula magna subtriquetra aurea maculis ordinariis
albido subscriptis, obsoletis.

BOISD. *Ind. meth.* p. 91.
GOD-DUP. *Pap. de France.* T. 7. pl. 134.
TREITSCH-OCHS. III. p. 168. n° 14.
HUBN. *Noct.* tab. 98. fig. 463.

Elle se trouve à Madagascar, Bourbon et Maurice, mais beaucoup plus
rarement que la suivante. Elle habite aussi l'Espagne méridionale, Ténériffe,
le Sénégal, et l'île de Sainte-Hélène.

2. P. CHALSYTIS.

Alis anticis rubescentibus, nebulosis, aureo-micantibus, maculis aureo-argenteis
duabus rotundatis.

BOISD. *Ind. meth.* p. 91.
TREITSCH-OCHS. III. p. 163. n° 12.
GOD-DUP. *Pap. de France.* T. 7. Pl. 136.
N. Chalsytis. HUBN. *Noct.* tab. 57. fig. 276.
N. Chalcites. ESP. tab. 141. *Noct.* 62. fig. 3.
La Chalcite. ERNST. *Pap. d'Europe.* Pl. 334. fig. 586.

Elle se trouve à Bourbon, Maurice et Madagascar.
Elle habite aussi le midi de l'Europe, la côte d'Afrique, et le Bengale.
La chenille vit sur un grand nombre de plantes. A l'Ile-de-France elle est
commune sur une plante appelée *trompette du jugement.*

AGANAÏDES (1).

GENRE AGANAIS. *Boisd.*

Noctua. *Fab.* Erebus. *Lat.*

Tête médiocre; yeux saillants; antennes ordinairement un peu pectinées dans les mâles; palpes longs, ascendants, leur dernier article très long, nu, grêle, comprimé latéralement; trompe longue; corselet velu, ponctué sur les épaulettes; abdomen cylindrique, ponctué de noir, un peu plus long que les ailes inférieures; ailes oblongues, les supérieures ponctuées à leur base, soit en dessus, soit en dessous; pattes très longues.

Ce genre est assez répandu dans les Indes orientales. Il habite aussi l'Océanie, et quelques parties de l'Afrique.

1. A. Borbonica. *Boisd.* Pl. 15. fig. 1.

Alis anticis fuscis, basi fulva nigro punctata; posticis nigris radiis basilaribus fulvescentibus; thorace abdomineque nigro punctato, fulvis; alis subtus dimidiatim luteis.

Ses ailes sont oblongues; les supérieures sont brunes, avec la base fauve marquée d'environ neuf points noirs. La tête et le corselet sont de la même couleur, avec un point noir sur chaque épaulette. Les ailes inférieures sont d'un noir foncé, avec quelques rayons fauves, plus ou moins prononcés vers la base. Le dessous des quatre est jaune jusqu'au-delà du milieu, et ensuite d'un brun noirâtre jusqu'à l'extrémité. On remarque en outre sur la côte des supérieures un point noir sur la partie jaune. Les antennes sont noires, plus pectinées que dans la plupart des espèces. L'abdomen est fauve en dessus, et blanchâtre en dessous, avec une rangée dorsale de taches noires, et deux rangées ventrales de taches de la même couleur.

Elle se trouve assez communément à Bourbon en novembre, décembre et janvier.

---

(1) Je ne connois aucune chenille du genre *Aganais*, et ce n'est qu'avec doute que je place cette tribu près des *Érébides*.

Elle se tient dans les arbres touffus, et ne quitte sa retraite que lorsqu'elle y est forcée.

Elle reparoît en mars ; elle habite aussi Maurice, mais elle y est rare.

Tous les individus que nous possédons nous paroissent être des mâles.

2. A. Insularis. *Boisd.* Pl. 15. fig. 2.

Alis totis luteis; anticis basi nigro punctatis; thorace abdomineque nigro punctato luteo-fulvis; alis anticis subtus, macula costali fusca.

Elle a le port de la précédente, mais elle est un tiers plus grande. Ses quatre ailes sont d'un jaune d'ocre. Les supérieures sont d'une teinte un peu plus fauve vers la base, et marquées de quelques points noirs. La tête et le corselet sont d'un jaune fauve, avec un point noir sur chaque épaulette. Le dessous des quatre ailes est d'un jaune d'ocre, avec une grosse lunule brune sur le milieu de la côte des supérieures. L'abdomen est d'un jaune fauve en dessus, et blanchâtre en dessous, avec une rangée dorsale de taches noires, et deux rangées ventrales de taches de la même couleur.

Elle a été découverte à Bourbon par M. Goudot.

Nous ne connoissons qu'un seul individu qui est une femelle.

Malgré la différence énorme qu'il y a entre cette espèce et la précédente, ne pourroit-on pas supposer, avec quelque fondement, que ce seroit la femelle ? Sans vouloir rien affirmer, nous penchons un peu pour cette opinion. Espérons que d'ici à quelques années les entomologistes de Bourbon ou de Maurice découvriront la chenille, et décideront cette question.

13

HÉLIOTHIDES.

GENRE HELIOTHIS. *Ochs.* Noctua. *Auct.*

1. H. ARMIGERA.

Alis anticis rufo-subvirescentibus vel cinereo-virescentibus macula reniformi fer-
ruginea ; posticis cinereo-albidis, limbo latiori venisque fuscis.

TREITSCH-OCHS. III. p. 230. n° 6.
BOISD. *Ind. meth.* p. 95.
GOD-DUP. *Pap. de France.* T. 7. Pl. 119. fig. 6 et 7.
HUBN. *Noct.* tab. 79. fig. 370.

Elle se trouve à Maurice, Bourbon, Madagascar, pendant une grande partie de l'année, volant en plein jour sur les fleurs.

Elle est répandue dans une grande partie de l'Europe, dans toute l'Afrique, au Bengale, et dans l'Amérique septentrionale.

2. H. APRICANS. *Boisd.* Pl. 15. fig. 7.

Alis anticis cinereo-fuscis, atomis sparsis, fascia media obsoleta-apiceque fuscis ;
posticis nigris, fascia media maculaque marginali aurantiis, rubro tinctis.

Elle a le port de la *Dipsacea* d'Europe, mais elle est un peu plus grande. Les ailes supérieures sont d'un cendré brunâtre, pointillées de noirâtre ; leur milieu est traversé par une bande ou une espèce d'ombre plus obscure que le fond. Le sommet et une partie de l'extrémité de l'aile sont de cette dernière couleur. Les ailes inférieures sont noires, traversées au milieu par une bande d'un jaune orangé, sinuée et teintée de rouge ; tout-à-fait à l'extrémité près de l'angle anal est une tache de la même couleur. Le dessous des ailes supérieures est jaunâtre, avec le sommet rougeâtre, et une grande tache noire annulaire sur la moitié postérieure. Le dessous des ailes inférieures est d'un jaune rouge, pointillé de noir, avec une grosse tache noire ordinairement interrompue près de l'angle anal. Le corselet est de la couleur des ailes. Le dessus du corps est brunâtre, avec les incisions d'un gris jaunâtre. Le dessous est de la couleur des ailes inférieures.

Elle se trouve à Madagascar.

Elle est très voisine d'une espèce du Bengale figurée par Hubner parmi les Noctuelles d'Europe.

CATOCALIDES.

GENRE OPHIDERES. *Boisd.*

Noctua. *Fabr. Cram.* Erebus. *Lat.*

Chenille très alongée, effilée, glabre, avec les deux premières paires de pattes membraneuses, très courtes et impropres à la marche, se métamorphosant dans un tissu léger. Chrysalide saupoudrée de bleuâtre. Tête assez grosse; yeux très saillants; palpes longs, ascendants, écartés, le second article long, comprimé latéralement, large, presque sécuriforme, garni de poils courts très serrés; le dernier article nu, assez grêle, long, terminé au sommet par une petite dilatation tronquée; trompe longue, roulée en spirale; antennes filiformes assez grosses; corselet fort, robuste, garni en arrière de faisceaux de poils serrés; abdomen conique de la couleur des ailes inférieures. Ailes supérieures un peu elliptiques, avec le bord interne sinué; ailes inférieures discolores; jambes antérieures garnies de poils très serrés.

Les *ophideres* ont de grands rapports avec les *ophiusa* et les *catocala*; ils remplacent ce dernier genre dans les régions intertropicales de l'Afrique et surtout de l'Asie.

1. O. IMPERATOR. *Boisd.* Pl. 14. fig. 3.

Alis anticis maris fusco-violaceis, violaceo-nebulosis atomis viridibus basi sparsis, striga basali alteraque obliqua pallidioribus; posticis vivide fulvis fascia lata marginali maculaque connexa nigris.

Alis anticis feminæ violaceo-fuscis atomis viridibus fuscoque conspersis.

BOISD. in Guérin. *Rég. anim. Ins.* Pl. 89. fig. 1.

Ses ailes supérieures sont d'un brun-violâtre brillant, avec des ondes plus obscures, sur-tout à la base et à l'extrémité. Près de la base elles ont une raie transverse un peu plus pâle que le fond. Au-delà du milieu elles ont une autre raie, oblique du sommet au bord interne. L'extrémité est d'un gris violâtre, plus pâle que le fond, avec quelques atomes verts sur les nervures. Près de la base, la nervure médiane offre un groupe d'atomes de la même couleur.

Les ailes inférieures sont d'un fauve-orangé vif, avec une large bordure noire et une grosse tache presque discoïdale de la même couleur qui tient à la bordure. Vers l'angle anal la frange est blanchâtre, avec les crénelures un peu fauves. Le corselet est de la couleur des ailes supérieures; l'abdomen est d'un fauve orangé. Le dessous des ailes supérieures est noirâtre, avec une tache basilaire et une bande transverse fauve. Le dessous des ailes inférieures est presque comme le dessus; mais il offre de plus une tache noire arrondie entre le milieu et le bord d'en haut.

Les ailes supérieures de la femelle ont un peu plus de vert à la base; elles sont en outre réticulées d'atomes bruns, marquées d'une espéce de tache réniforme noirâtre et dépourvues de lignes transverses.

Cette belle espéce a été découverte par M. Goudot, qui l'a élevée de la chenille, aux environs de Tamatave.

2. O. Materna.

Alis anticis albido-sericeo-virescentibus punctis tribus maculam reniformem men-
tientibus; posticis fulvis, macula rotundata, discoidali fasciaque marginali
crenulata, nigris.

>   Fab. *Ent. Syst.* t. III. pars II. p. 16. n° 27.
>   Cram. 174. B. et 267. E.
>   Drury. Ins. II. tab. 13. fig. 4.
>   Linn. *Syst. nat.* 11. 840. 117,

Elle se trouve à Madagascar, sur la côte de Coromandel, et dans plusieurs autres contrées des Indes orientales.

Les ailes supérieures de cette belle espéce varient beaucoup suivant le sexe; mais elle est toujours reconnoissable par ses ailes inférieures, qui n'offrent aucune modification dans la couleur ni dans le dessin.

Selon Cramer, elle se trouveroit aussi à Surinam.

GENRE OPHIUSA. *Ochs. Boisd.* Noctua. *Auct.*

1. O. Magica.

Alis anticis cinereo-fuscis, strigis quatuor transversis maculisque ordinariis fuscis;
posticis fulvis fasciis duabus nigris; abdomine fulvo incisuris supra nigris.
Hubn. *Zut.* 535—536.

Elle est un tiers plus grande que la *Tirrhœa* dont elle a le port. Ses ailes supérieures sont d'un gris-brun, un peu violâtre, traversées par quatre lignes presque droites un peu plus obscures que le fond. Les taches ordinaires sont bien marquées et d'un brun noirâtre. L'orbiculaire est très petite ; l'autre est assez grande et un peu difforme. Les ailes inférieures sont d'un jaune fauve, traversées par deux bandes noires, dont une au milieu, n'atteignant pas les bords, et une autre à l'extrémité, finissant un peu avant la frange, et s'élargissant vers l'angle externe. Le corselet est de la couleur des ailes supérieures. L'abdomen est fauve avec les incisions fasciées de noir en dessus. Le dessous des ailes est d'un jaune un peu fauve avec un espace noirâtre près de l'extrémité des supérieures.

Elle habite Madagascar et le Bengale, et c'est sans doute par erreur qu'Hubner dit qu'elle se trouve à Montevideo.

2. O. Hopei. Boisd. Pl. 15. fig. 3.

Alis anticis brunneis, lunula fusca, fascia lata, marginali, cinerea, intus angulososinuata ; posticis fuscis ad extimum nigris fimbria alba medio interrupta ; omnibus subtus albis, fascia lata, marginali, nigra.

Elle est de la taille d'*Ophiusa Tirrhœa.* Les ailes supérieures sont d'un brun clair, avec une tache réniforme brune. ... le et peu prononcée. Leur tiers postérieur est un peu plus obscur, marqué de deux stries transverses noirâtres. L'extrémité est terminée par une couleur cendrée, sinuée et anguleuse sur son côté interne. Les ailes inférieures sont d'un gris noirâtre, avec l'extrémité noire et la frange blanche, interrompue au milieu par du gris sale. Le corps est grisâtre. Le corselet est d'un brun clair. Le dessous des ailes est blanc, avec une large bande noire marginale, et une tache de la même couleur sur les supérieures, correspondante à la tache réniforme. La frange des ailes supérieures est blanchâtre en dessous.

Elle a été découverte à Madagascar par M. Goudot.

Nous ne connoissons que la femelle.

Nous avons dédié cette belle *Ophiusa* à M. Hope, l'un des entomologistes distingués de notre époque.

                    GENRE OPHIUSA.

3. O. Dejeanii. *Boisd.* Pl. 15. fig. 4.

*Alis fuscis subnebulosis puncto centrali nigro, obsoleto; posticis nigro-fuscis
macula apicali marginalique flava; omnibus subtus fuscis; anticis fascia
flava.*

Elle est à-peu-près de la taille de la précédente, mais ses ailes supérieures
sont un peu plus pointues au sommet. Elles sont d'un brun-noirâtre un peu
nébuleux, sans dessin bien prononcé, avec quelques éclaircies peu visibles
vers le milieu, et un petit point central noir près de la côte. Les ailes inférieures sont d'un gris noirâtre vers la base, noirâtres dans leur moitié postérieure, avec une grande tache jaune marginale, placée sur le côté externe.
Le corselet est de la couleur des ailes supérieures. L'abdomen est grisâtre. Le
dessous des ailes est grisâtre, avec des points marginaux noirs triangulaires. Les
supérieures ont sur le milieu une bande d'un jaunâtre pâle, n'atteignant pas
la côte.

Elle se trouve à Madagascar.

Nous ne connoissons que le mâle.

Nous l'avons dédiée à M. le comte Dejean.

4. O. [illegible]. *Boisd.* Pl. 15. fig. 5.

*Alis anticis fuscis, nigro variegatis; posticis nigris maculis marginalibus tribus
albis; anticis subtus nigricantibus, fascia alba.*

Elle a le port et la taille de la *Melicerta* de Drury, à laquelle elle ressemble
un peu. Elle a aussi un peu le port de certaines espèces de *Catocala*.

Ses ailes supérieures varient à l'infini, et il est rare de trouver deux individus où elles soient semblables. Le fond est tantôt d'un gris noirâtre avec la
base noire; tantôt il est d'un gris-violâtre pâle, avec une large bande noire sur le
milieu. Sur leur tiers postérieur il y a toujours une petite raie transverse noire,
tout-à-fait en zigzag, suivie d'une autre ligne presque droite, plus pâle que
le fond, surmontée, près de la côte, d'une tache apicale noire. Dans quelques
individus on aperçoit une tache réniforme noire; dans d'autres on ne voit à
la place que deux points noirs placés l'un sur l'autre. Les ailes inférieures
ne varient pas, elles sont noirâtres vers la base, noires à l'extrémité, avec
trois taches blanches placées en partie sur la frange. Le corselet est tantôt
d'un brun noirâtre, et tantôt d'une teinte grisâtre. Le dessous des ailes est

noirâtre, avec des raies transverses plus obscures. Les supérieures sont traversées obliquement par une bande blanchâtre qui n'atteint pas la côte.

Elle se trouve à Bourbon et à l'île de France.

Nous l'avons dédiée à M. Liénard, naturaliste distingué de l'île Maurice.

5. O. KLUGII (1). *Boisd.*

Alis fulvis; anticis atomis strigisque sex obsoletis, ferrugineis; posticis fascia abbreviata, nigra.

Elle est à-peu-près de la taille de la *Dejeanii.* Ses ailes supérieures sont d'un jaune fauve, finement saupoudrées d'atomes d'un brun ferrugineux, traversées par six raies très ondulées, en zigzag, assez peu marquées, de la même couleur. Deux de ces raies sont vers la base; les autres sont au-delà d'une tache réniforme de la même couleur et assez petite. Tout-à-fait à l'extrémité, près de la frange, elles offrent en outre un rang de petits points noirs. Les ailes inférieures sont d'un jaune fauve, et elles ont, un peu au-delà du milieu, une bande courte, noire, transverse, n'atteignant pas les bords. Le corps et les pattes sont de la couleur des ailes. Le dessous des ailes est d'un jaune plus pâle. Sur les inférieures on remarque deux raies ondulées, transverses, brunes et très peu marquées.

Elle se trouve à Madagascar.

6. O. ANGULARIS. *Boisd.* Pl. 13. fig. 2.

Alis anticis cinereis, basi late, fascia media extus angulosa, maculis apicalibus, nigro-fuscis; posticis cinereo-infuscatis.

Elle est environ un tiers plus petite que l'*Algira* à laquelle elle ressemble un peu. Ses ailes supérieures sont d'une couleur grisâtre, foiblement teintée de violâtre; leur base est entièrement couverte par une bande d'un brun noirâtre, séparée brusquement et en ligne droite de la couleur du fond; le milieu de l'aile offre une bande de la même couleur, formant sur son côté externe deux angles saillants, et se fondant un peu sur son côté interne avec la couleur du fond. A la base de l'angle supérieur de cette bande on remarque une petite

---

(1) Dédiée à M. Klug, entomologiste des plus distingués, et l'un des directeurs du Muséum de Berlin, qui publie en ce moment sur les Coléoptères de Madagascar un travail analogue à celui que nous avons entrepris sur les Lépidoptères.

lunule noirâtre qui remplace la tache réniforme ; le sommet de l'aile est en
outre marqué de deux ou trois taches noires, alongées, presque réunies. Les
ailes inférieures sont d'un gris noirâtre. Le dessous des ailes est grisâtre
parsemé d'atomes plus obscurs.

Elle se trouve à Madagascar et à Bourbon.

7. O. Mayeri. *Boisd.*

Alis anticis cinereis fascia media, altera ad apicem punctisque obsoletis, fusco-oli-
vaceis ; posticis griseis fascia marginali strigaque transversa fuscis.

Elle est à-peu-près de la taille de l'*Algira* et elle a un peu le port de la *Re-*
panda. Ses ailes supérieures sont d'une couleur grisâtre foiblement teintée de
violâtre. Un peu avant le milieu elles sont traversées par une bande d'un brun
olivâtre, droite et bien nette sur son côté interne, un peu fondue sur son côté
externe, légèrement élargie vers le bord abdominal de l'aile. Au-delà du milieu elles sont traversées par une autre bande de la même couleur, fortement
concave sur son côté interne où elle paroît bordée par une ligne plus obscure.
Cette bande s'élargit dans son milieu, puis elle se rétrécit pour s'élargir un
peu de nouveau, en arrivant à la côte près du sommet : elle est en outre précédée extérieurement d'une rangée de points peu marqués, placés près de la
frange. Le milieu du bord externe est un peu rembruni. Les ailes inférieures
sont grisâtres, bordées à l'extrémité par une large bande d'un gris noirâtre,
précédée intérieurement d'une raie de la même couleur. Le corselet est de la
couleur des ailes supérieures.

Dans beaucoup d'individus on distingue la tache réniforme qui est foiblement indiquée, et dont la partie convexe est limitée par un arc brun.

Elle se trouve à Bourbon et à Maurice ; mais elle est beaucoup plus rare
dans cette dernière localité.

Nous l'avons dédiée à M. Gustave Mayer, de Maurice.

8. O. Anfractuosa. Pl. 15. fig. 6.

Alis anticis cinereis, plaga triangulari fusco-olivacea linea albida marginata
oblique contorta ad angulum analem ; posticis fusco-cinereis strigis duabus
transversis.

Elle se rapproche extrêmement de la *N. Deliana* de Stoll, avec laquelle on
la confondroit au premier coup d'œil. Les ailes supérieures sont d'un brun

olivâtre, avec les contours grisâtres. La partie brune est bordée, excepté du côté de la côte, par une raie blanche qui se replie près de l'angle anal pour couper obliquement cette même partie brune. Dans la *Deliana* la raie blanche qui entoure la partie obscure se replie de même près de l'angle anal; mais l'angle qui en résulte est droit et non pas oblique comme dans notre espèce. Près de l'extrémité, les ailes supérieures sont traversées par une petite raie pâle qui sépare la partie obscure de la partie cendrée, et qui est plus droite que dans la *Deliana*. Les ailes inférieures sont grisâtres, traversées dans leur moitié postérieure par deux raies obscures, dont la postérieure plus large. Le dessous des quatre ailes est d'un jaune grisâtre, avec un point central noirâtre et deux raies transverses de la même couleur

Elle se trouve à Maurice, Bourbon et Madagascar.

Nous possédons aussi cette espèce du Sénégal.

9. O. DELTA. *Boisd.* Pl. 13. fig. 1.

Alis anticis nigro-fuscis Delta *albo signatis, costa apiceque dilutioribus; posticis cinereo-fuscis.*

Ses ailes supérieures sont d'un brun noirâtre avec la côte et le sommet d'un brun grisâtre. Elles sont marquées d'un grand *delta* blanc, alongé; une des raies de ce delta se prolonge parallèlement à la côte; l'autre suit aussi parallèlement le bord interne, et la troisième coupe l'aile transversalement près de l'extrémité. Les ailes inférieures sont grisâtres, un peu plus obscures vers l'extrémité. Le corselet est de la couleur des ailes.

Elle a été découverte à Maurice par M. Catoire et retrouvée depuis par M. Marchal. Elle est assez voisine d'une espèce qui habite Java, et que j'ai nommée *Trigoleuca*. Dans cette dernière, le delta est beaucoup moins alongé, et la raie qui sert à le former sur le côté interne de l'aile, au lieu d'être parallèle à ce bord, remonte obliquement vers la côte près de la base, etc.

10. O. MARCHALII. Pl. 13. fig. 4.

Alis cinereis, striga media, sinuata, altera submarginali lunulaque centrali minuta, fuscis; anticis plaga ad extimum fusca; capite collarique nigris.

Ses quatre ailes sont d'un gris cendré, avec la frange un peu roussâtre. Les supérieures, dont le sommet est un peu pointu, sont marquées sur leur bord externe d'une tache lunulée assez grande et brunâtre. Les quatre ailes sont

14

traversées au milieu par une raie sinueuse, commune, presque formée de points bruns, paroissant quelquefois double, sur-tout sur les inférieures. Près de l'extrémité on remarque aussi une rangée de points de la même couleur. Outre cela, le disque de chaque aile offre, avant la raie commune du milieu, une petite tache brune lunulée. Le dessous des quatre ailes est d'un gris cendré, avec deux ou trois raies noirâtres, transverses, ondulées, généralement, peu prononcées. La tête et le collier sont d'un brun noir, comme dans la *Craccæ* d'Europe. Le corselet est de la couleur des ailes, ainsi que le corps qui est grêle comme dans certaines *Geometra*.

Elle a été découverte à Bourbon par M. Sganzin, et à Maurice par M. Marchal, à qui nous l'avons dédiée.

11. O. Rubricans. *Boisd.* Pl. 16. fig. 1.

Alis rubricantibus, fascia lata, marginali, punctata, obscuriori; anticis macula reniformi fusco delineata; omnibus subtus rufescentibus macula centrali albida.

Elle a à-peu-près le port de la *Marchalii*, mais elle est un peu plus grande. Ses quatre ailes sont d'un rouge-briqueté pâle, et elles ont à l'extrémité une large bande d'une teinte plus obscure, finissant en pointe au sommet des supérieures. Cette bande est séparée du fond par une ligne d'un brun clair, et elle est marquée dans son milieu d'une rangée de points noirâtres. Les ailes supérieures offrent souvent à leur base une petite ligne transverse, arquée sur son côté externe. La tache réniforme est lisérée de brun, marquée de deux petites taches noirâtres, précédée d'un point de la même couleur, et quelquefois d'une ombre transverse brunâtre, peu marquée. Outre cela, le sommet de ces mêmes ailes offre un arc brun qui se lie à la côte et à la bande brune. Le dessous des quatre ailes est d'une couleur rousse assez vive, avec une lunule blanchâtre sur le milieu de chaque aile, et deux raies brunes transverses près de l'extrémité, séparées l'une de l'autre par une rangée de points de la même couleur. Le corselet et l'abdomen sont de la couleur des ailes.

Elle se trouve à Madagascar.

12. O. REPANDA. Pl. 13. fig. 3.

Alis griseis; anticis fascia postica, lata, fusca, punctis obscuris divisa, maculaque reniformi fusco subdelineata; alis posticis ad extimum fusco bifasciatis; pedibus posticis maris *dilatatis remiformibus; pedibus posticis* feminæ *simplicibus.*

FAB. *Ent. Syst.* t. III. pars II. p. 49. n° 133.

Cette espéce me paroît bien être la même que celle de Fabricius. Cependant il dit, en parlant de celle qu'il décrit, qu'elle habite l'Amérique. J'en possède plusieurs individus mâles et femelles de ce dernier pays, qui m'offrent absolument les mêmes caractères que ceux du Bengale : c'est pourquoi je n'ose pas les séparer de la *Repanda*. Les ailes supérieures sont d'un gris cendré, quelquefois teinté de jaunâtre. Leur extrémité offre une large bande oblique, marginale brune, plus claire sur le coté qui touche la frange, divisée dans son milieu par une rangée de points noirâtres. Cette bande est séparée de la couleur du fond par une ligne d'un brun obscur, bordée d'un peu de jaunâtre sur son côté interne. Cette ligne est peut-être un peu moins droite dans les individus de l'Inde que dans ceux de l'Amérique. La tache réniforme est assez distincte; l'orbiculaire est petite, ordinairement remplacée par un point. Entre cette dernière et la base on voit, dans les individus d'Amérique, deux raies transverses peu marquées, qui sont un peu moins visibles dans ceux de l'Inde. Les ailes inférieures sont grisâtres, avec une bordure noirâtre plus marquée, et plus large sur le bord externe que près de l'angle anal. Cette bordure est précédée, du côté de la base, d'une raie finement dentelée de la même couleur. Le corps et le corselet sont de la couleur des ailes. Le dessous des ailes est d'un gris un peu roussâtre. Les pattes postérieures du mâle sont dilatées, aplaties et très velues. Les pattes correspondantes de la femelle sont simples.

Elle se trouve communément à Maurice, Bourbon et Madagascar. Elle habite aussi les Indes orientales et une partie de l'Afrique.

HOMOPTÉRIDES.

GENRE POLYDESMA. *Boisd.*

Erebus. *Lat.*

Chenille demi-arpenteuse.... Tête de grosseur moyenne, avec les yeux médiocrement saillants; antennes filiformes assez longues, palpes ascendants, plus ou moins longs, avec le dernier article nu, cylindrique, et un peu tronqué au sommet. Corselet velu, abdomen cylindrico-conique. Les quatre ailes dentelées avec la frange bien prononcée, presque étalées dans le repos, traversées par des raies ondulées, nombreuses, plus obscures que le fond. Ce genre a des rapports marqués avec les *Homoptera*, dont les ailes inférieures offrent aussi à-peu-près le même dessin que les supérieures.

1. P. Umbricola. *Boisd.* Pl. 13. fig. 5.

Alis omnibus denticulatis, cinereo-fuscescentibus, ad extimum sæpius obscurioribus, strigis plurimis undulatis, transversis, fuscis; anticis in loco maculæ reniformi albo bipunctatis, costa albido intersecta.

Ses quatre ailes sont arrondies, dentelées, d'un gris-jaunâtre brun assez sale, avec l'extrémité ordinairement un peu plus rembrunie; elles sont saupoudrées d'atomes bruns, et traversées par un assez grand nombre de raies ondulées de la même couleur, plus ou moins distinctes, et se fondant souvent avec les atomes. A la racine de la frange, elles offrent une série de petites lunules noires. Les supérieures n'ont point de taches ordinaires distinctes, mais à la place on observe deux points blancs ou blanchâtres, plus ou moins marqués. La côte de ces mêmes ailes est entrecoupée de jaunâtre sale et de noirâtre. Le corselet et l'abdomen participent de la couleur des ailes. Le dessous des ailes est d'un gris jaunâtre, traversé, près de l'extrémité, par une bande noirâtre, élargie, plus obscure sur les supérieures, et précédée sur les quatre d'une raie denticulée de la même couleur.

Elle se trouve communément à Bourbon et à Maurice.

La chenille est très commune sur le *bois noir, mimosa Lebbeck.* Elle est lisse, d'une couleur grisâtre, avec des points noirs; elle se métamorphose sous l'écorce des arbres.

2. P. NYCTERINA. *Boisd.* Pl. 13. fig. 6.

Alis omnibus denticulatis, fuscis, violaceo-submicantibus, strigis plurimis angu-lato-undulatis nigris; subtus fuscis.

Elle est un tiers plus grande que la précédente. Ses ailes sont denticulées de même, d'un brun noirâtre, avec un reflet violâtre; elles sont traversées par plusieurs raies ondulées, anguleuses, noirâtres, foiblement éclairées de gris jaunâtre sur leur côté externe. L'extrémité offre un peu avant la frange une rangée de petites lunules noirâtres, éclairées de grisâtre extérieurement. Les ailes supérieures offrent les vestiges d'une tache réniforme. L'abdomen et le corselet sont de la couleur des ailes. Le dessous des quatre ailes est d'un brun uniforme, avec l'empreinte de trois raies transverses, dont deux au milieu, et une près de l'extrémité. Les palpes sont très saillants et ascen-dants.

Elle se trouve à Madagascar.

GENRE CYLIGRAMMA. *Boisd.*

Erebus. *Lat.* Noctua. *Fab.*

Chenille demi-arpenteuse.... Tête presque aussi large que le corselet, avec les yeux gros et saillants; antennes grêles, filiformes; palpes ascen-dants de longueur médiocre dans cette famille, écartés, comprimés, très velus; le dernier article nu, aciculaire. Corselet velu. Abdomen conique; les quatre ailes presque étalées dans le repos sans dentelures sensibles; les infé-rieures offrant la même teinte en grande partie et le même dessin que les supérieures. Celles-ci ayant en place de la tache réniforme un grand œil irisé, formé par une tache contournée en spirale ou en limaçon, plus ou moins bien prononcée.

Les insectes de ce genre habitent les régions les plus chaudes de l'Afrique et de l'Asie.

1. C. Latona.

Alis fuscis, strigis basilaribus, nigris, undulatis, duabus, fascia transversa lineaque angulosa, obsoleta, albido-flavis ; anticis litura apicali albido-flava, ocelloque magno micante, cœruleo pulverulento, iride atra cinereaque.

Cram. 13. B.

N. Troglodyta. Fab. *Ent. Syst.* III. pars II. p. 14. n° 18.

Elle se trouve à Madagascar et sur la côte de Guinée.

Quoique Fabricius ne cite pas la figure de Cramer, il ne peut y avoir le moindre doute sur l'identité de sa *Noctua Troglodyta* avec la figure que nous y rapportons.

2. C. Joa. *Boisd.* Pl. 16. fig. 2.

Alis omnibus nigro-fuscis, striga communi flava punctisque extimis nigris flavo fœtis ; anticis fascia obliqua, nigra, abbreviata ad marginem internum, maculaque contorta nigra intus flavo delineata.

Elle est un peu plus grande que la précédente. Ses quatre ailes sont d'un brun noirâtre, traversées un peu au-delà du milieu par une bande commune droite, étroite, d'un blanc jaune. Cette bande est suivie postérieurement d'un rang de points noirâtres mal alignés, teintés de jaune sur leur côté interne. Les supérieures offrent entre la base et la bande jaune, une autre bande courte, noire et oblique, commençant à la nervure médiane, et finissant brusquement en s'élargissant sur le bord interne. Outre cela, à la place de la tache réniforme, on observe une grande tache formée par une raie noire contournée, renfermant près de la côte une tache noire carrée, bordée de jaune sur son côté interne. Le dessous des ailes est brun, traversé par une bande jaune, commune, et par une rangée de taches triangulaires de la même couleur.

Elle se trouve à Madagascar.

GENRE EREBUS. *Lat.*

Noctua. *Fab. Cram.* Thysania. *Dalm.*

1. E. Bubo.

Alis dentatis fuscis, nigro undulatis ; anticis in medio macula oculari maxima, brunnea, absque pupilla annulo nigro cincta.

Fabr. *Ent. Syst.* III. pars II. p. 9. n° 4.

Phalæna macrops. LINN. *Syst. nat.* 3. 225.

CRAM. 171. A. B.

SULZ. *Ins.* tab. 22. fig. 2.

Elle se trouve à Madagascar. Elle habite aussi une grande partie des Indes orientales. C'est la plus grande espéce de l'ancien continent.

2. E. CREPUSCULARIS.

Alis dentatis fuscis ad extimum pallidiori obscuriorique marmoratis fascia communi albida; anticis apice macula alba ocelloque discoidali magno.

LINN. *Syst. nat.* 2. 813. 13.

FABR. *Ent. Syst.* III. pars II. p. 13. n° 17.

CLERK. *Icon.* tab. 53. fig. 1. 2.

CRAM. 159. A.

Elle se trouve à Madagascar; elle est assez commune dans les Indes orientales. La bande blanche dans le mâle est moins prononcée que dans la femelle.

3. E. HIEROGLYPHICA.

Alis dentatis, nigris; anticis fascia abbreviata, alba, macula subocellari iride duplici, brunnea circumflexaque cærulea; posticis nigris, margine bisinuato.

DRURY. *Ins.* 2. tab. 2. f. 1.

FABR. *Ent. Syst.* III. pars II. p. 11. n° 10.

Phalæna mygdonia. CRAM. 174. F.

Elle se trouve à Madagascar; elle est très répandue dans les Indes orientales.

4. E. HARMONIA.

Alis dentatis fuscis; anticis nigro undulatis, fascia apicali abbreviata alba, ocelloque magno iride atra, linea flexuosa cærulea pupillaque brunnea.

CRAM. 174. E.

Noctua ulula. FABR. *Ent. Syst.* III. pars II. p. 11. n° 11.

Elle a été trouvée à Madagascar par M. Goudot avec la précédente. Elle habite aussi les Indes orientales.

URANIDES.

GENRE URANIA (1). *Lat.* Papilio. *Linn. Fab.*

Les insectes qui composent ce genre sont peu nombreux; nous n'en connoissons que quatre espéces, qui sont *Rhipheus, Leilus, Sloanus,* et *Boisduvalii.* Les *papilio Lavinius* de Fabricius, et *Rhipheus* de Drury, en forment peut-être deux autres.

U. Rhipheus. Pl. 14. fig. 1 et 2.

Alis nigris; anticis utrinque strigis transversis fasciaque media, bifida, aureoviridibus; posticis tricaudatis area anali cupreo-aureo-violacea nigro maculata.

God. *Encycl. méth.* IX. p. 709. n° 1.

Uranie-Prométhée. Drapiez. *Dict. class. d'Hist. nat.* 3. liv. Pl. 8.

P. Rhipheus. Cram. 385. A. B.

Fab. *Ent. Syst.* III. 1. p. 21. n° 62.

Le mâle est à-peu-près de la taille du *P. Machaon.* Ses ailes inférieures ont les échancrures très marquées, et les trois dents les plus rapprochées de l'angle anal sont prolongées en queues, dont la plus extérieure est beaucoup plus prononcée que les deux autres. Le dessus des ailes est noir, avec une multitude de petites lignes transverses, et une large bande discoïdale d'un vert-doré très brillant, aux supérieures; avec une bande médiaire et une bande terminale du même vert, aux inférieures. La bande des premières ailes est bifide près de la côte, et les lignes qui la séparent de la base n'atteignent pas le milieu de la surface. Les deux bandes des ailes inférieures se perdent vers l'angle anal dans un espace d'un pourpre-doré-violet très brillant, sur lequel il y a quatre ou cinq taches noires. Le dessous des ailes supérieures ressemble au dessus. Le dessous des inférieures est d'un vert doré à la base et à l'extrémité, avec des mouchetures noires; il est traversé au milieu par une large bande d'un rouge doré à reflet violâtre, très brillante, marquée çà et là de quelques taches noires. Les échancrures des ailes sont bordées de cils blancs. Le corps est noir en dessus, avec des atomes d'un vert doré sur l'abdomen. Les antennes sont noirâtres. Le dessous du corps est ferrugineux.

---

(1) Si le nom de ce genre n'étoit pas adopté, depuis long-temps, par la plupart des entomologistes, il seroit convenable de le changer, parcequ'il existe déja un genre de plante appelé *Urania.*

La femelle est environ un tiers plus grande; elle égale, pour la taille, le *papilio Achates* de l'Inde. Elle offre le même dessin que le mâle; mais la tache anale du dessus des ailes inférieures est plus grande, moins pourprée et plus dorée.

Cette espéce, que l'on peut considérer comme le plus beau lépidoptère connu, habite Madagascar. Elle a été prise une seule fois à Bourbon, où la chenille avoit peut-être été transportée accidentellement. Selon Cramer, elle se trouveroit aussi sur la côte de Coromandel.

Nous n'avons pas cité les figures de Drury et d'Esper, parcequ'elles représentent un individu sans queue, qui offre en outre un dessin très différent de l'espéce figurée par Cramer. Suivant ces auteurs, il se trouve en Chine. Il est possible qu'ils n'aient eu à leur disposition qu'un individu dont les queues étoient détruites; mais comme les bandes vertes ont une autre forme, nous pensons que leur figure représente une autre espéce. ·

La chenille de l'*Urania rhipheus* vit sur le manguier (*mangifera indica*). En sortant de l'œuf elle est presque lisse et d'une teinte verdâtre; après la première mue elle prend une couleur noire, se couvre d'épines, et fait sortir à volonté deux cornes rétractiles roses, placées sur le premier anneau. Parvenue à toute sa taille, elle est effilée, renflée latéralement vers le milieu, longue de deux pouces et demi à trois pouces. On aperçoit sur ses côtés un feston à dents de loup, composé de plusieurs bandes irrégulières de points blancs, verts et jaunes. Les cornes, qui étoient d'un rose tendre, deviennent d'un rouge carmin. Outre cela, les deux premières paires de pattes membraneuses sont très courtes, presque rudimentaires, et ne servent point à la progression. Aussi, lorsqu'elle marche, elle se met en boucle comme les chenilles des *Geometra* et des *Catocala*. Sur le point de se métamorphoser elle s'attache par la queue et par un lien transversal, comme les chenilles des *Papilio*, des *Colias*, des *Pieris*, ou plutôt comme celles des *Geometra Pendularia*, *Gyraria*, etc.

La chrysalide est alongée, pointue, à peine anguleuse, verte. avec des bandes transversales dorées; l'extrémité, qui est d'un vert plus foncé, est parsemée d'un grand nombre de points dorés.

L'insecte parfait éclôt au bout de trois semaines. Exposé au soleil, il se développe complétement en deux ou trois heures, tandis que les individus qui naissent à l'ombre mettent près d'une journée pour se développer, et sont d'ordinaire moins brillants.

PHALÉNIDES.

GENRE GEOMETRA. *Auct.*

1. G. MADECASSARIA. *Boisd.*

Alis omnibus utrinque flavescentibus; atomis ferrugineis strigatis, fascia lata marginali fuscescenti.

Elle est de la taille de la *Contaminaria* d'Europe. Ses quatre ailes sont d'un jaune sale, avec une large bordure d'un gris-brun violâtre assez terne; elles sont saupoudrées et striées d'atomes de la couleur de la bordure. En dessous elles offrent absolument le même dessin; mais le fauve jaune est plus vif et moins saupoudré d'atomes, et le bord interne des ailes supérieures est un peu lavé de rougeâtre; les antennes du mâle sont pectinées et d'une couleur testacée.

2. G. MANGIFERARIA.

Alis denticulatis, supra griseo-rufescentibus, fascia marginali fusco-olivacea obsoleta; posticis puncto discoidali nigro; omnibus subtus ferrugineis linea communi fusco-violacea.

Elle est de la taille de la *Cratægaria* d'Europe, et elle a un peu le port de la *Clemataria* de l'Amérique septentrionale. Ses quatre ailes sont dentées, d'un gris rougeâtre, avec une raie commune très légèrement indiquée sur le milieu, et une autre raie, d'une teinte brunâtre, près de l'extrémité, se fondant insensiblement avec la couleur du fond en une espéce de bande marginale. Les ailes inférieures ont, avant la première raie, une petite lunule noirâtre; derrière la raie de l'extrémité elles offrent quelques points peu marqués de la même couleur. Le dessous des quatre ailes est d'un roux ferrugineux, avec un point central brun, et une raie d'un brun violâtre bien marquée au-delà du milieu. Le sommet des premières ailes est un peu aigu et lavé de violet près de la frange.

Je ne connois que la femelle.

Elle se trouve à Madagascar.

3. G. Distrigaria. *Boisd.*

Alis rotundatis, rufis, strigis undulatis fuscis, extus albido tinctis; subtus flaves-
centibus apice rufescenti.

Elle a le port de la *Bilinearia* d'Europe, mais elle est un tiers plus petite.
Ses quatre ailes sont d'une teinte rousse, traversées au milieu par deux lignes
brunes, ondulées, denticulées, dont la plus extérieure présente une rangée
de petits points peu marqués, et dont chacun est placé à la pointe des angles.
A l'extrémité, près de la frange, on observe la trace d'une troisième raie à
peine sentie. Le dessous des quatre ailes est jaune, avec l'extrémité rousse.
Les antennes manquent dans le seul individu que je possède.

Elle se trouve à Madagascar.

4. G. Diospyrata. *Boisd.*

Cinerea, fascia lata, marginali, obscuriori; anticis lunula centrali fusca; subtus
pallidis strigis duabus fuscis.

Elle est plus petite que la précédente. Le dessus des quatre ailes est d'un
gris terreux, avec le tiers postérieur d'un ton plus obscur, séparé de la couleur
du fond par une raie brune un peu maculaire, et divisé, près de la frange, par
une série de petites lunules brunes. Les ailes supérieures ont quelques petits
atomes vers la base, et sur le milieu, une petite tache réniforme obscure plus
ou moins bien indiquée. Le dessous des ailes est plus pâle que le dessus, et
d'une teinte uniforme, traversé par deux raies parallèles d'un cendré obscur.
Le corps et les antennes sont de la couleur des ailes.

Elle se trouve à Maurice et à Bourbon.

5. G. Minorata.

Alis albidis puncto centrali nigro, striga media fusca strigulisque apicalibus
obscuris.

Elle est tout-à-fait de la taille de l'*Incanaria* d'Europe, et elle est intermédiaire entre cette espéce et la *Strigaria*. Ses quatre ailes sont blanchâtres, un
peu plus obscures vers la base, où elles ont quelquefois une teinte un peu
cendrée. Le milieu de chaque aile offre un point noir, et est traversé par une
raie commune d'un gris foncé. Sur les ailes supérieures le point se trouve
entre cette raie et la base, tandis que sur les inférieures il est précédé par la
ligne. L'extrémité des quatre ailes est traversée par de petites lignes ondulées

cendrées, dont une seulement est bien distincte. Le dessous est plus pâle que le dessus, avec le petit point central noir et deux lignes cendrées parallèles.

Elle se trouve à Maurice.

Elle appartient au genre *Idea* de Treitschke.

GENRE BOARMIA. *Treitschke.*

Phalena. *Lat.* Geometra. *Auct.*

B. ACACIARIA. *Boisd.* Pl. 16. fig. 4.

Alis albidis atomis sparsis, macula centrali, pupillata, striga communi, dentata, fuscis.

Elle est de la taille de la *Rhomboidaria* d'Europe, et elle a le port de l'*Umbrosaria* de l'Amérique septentrionale. Le fond des quatre ailes est blanc, avec une tache noirâtre arrondie, marquée d'un croissant blanchâtre sur le milieu de chacune. Elles sont, en outre, parsemées d'atomes noirâtres, surtout vers la base des supérieures où leur réunion forme une bande transverse. De la tache centrale des ailes supérieures descend une raie noirâtre, commune, transverse, passant en avant de la tache centrale des ailes inférieures. Sur le tiers postérieur de chaque aile on voit une autre raie noirâtre, commune, sinuée, anguleuse, sur son côté externe. A la racine de la frange il y a une rangée de petites lunules noirâtres. Le dessous des ailes est blanc, avec une tache centrale et une raie commune noirâtres. Le sommet des supérieures est de cette dernière couleur, avec l'extrémité apicale blanche. Le corps et le corselet sont de la couleur des ailes.

Elle se trouve à Bourbon.

BOTYDES.

GENRE BOTYS.

1. B. Thalassinalis. *Boisd.* Pl. 16. fig. 6.

Alis omnibus opalino-virescenti-micantibus; anticis puncto centrali nigro costaque dilute rufa.

Ph. sericea. Drury. *Ins.* vol. 1. tab. 6. f. 1.

Le corps et les quatre ailes sont d'un vert glauque, avec un beau reflet opalin. Les ailes supérieures ont toute la côte d'un jaune roussâtre, et sur leur disque elles offrent une petite tache noire ponctiforme. Les palpes sont d'un jaune roussâtre. Le dessous ne diffère pas du dessus.

Il se trouve assez communément à Bourbon, à Maurice, et à Madagascar. Il habite aussi le Sénégal, la côte de Guinée, et l'île de Java.

Comme il y a déjà un *Botys sericealis*, j'ai été forcé de changer le nom de Drury.

2. B. Quinquepunctalis. *Boisd.* Pl. 16. fig. 5.

Niveus, opalino micans; alis anticis costa ferruginea nigro quadripunctata.

Il est moitié plus petit que le précédent, d'un beau blanc de neige, avec un reflet opalin. Les ailes supérieures ont la côte ferrugineuse, marquée de quatre petits points noirs, plus ou moins distincts; on observe en outre un cinquième petit point sur le disque, près de la cellule. Les palpes sont ferrugineux. Le faisceau de poils qui termine l'abdomen du mâle est noirâtre.

Il se trouve à Bourbon et à Maurice.

3. B. Hyalinalis.

Alis albis, opalino micantibus, ambitu omni late fusco; abdomine barbato.

Phalæna hyalinata. Linn. *Syst. nat.* 2. 873. 279.

Fabr. *Ent. Syst.* III. pars II. p. 213. 311.

Marginalis. Cram. 371.

Il est de la taille du précédent. Ses quatre ailes sont blanches, avec un reflet opalin. Elles ont une large bordure noirâtre, qui se prolonge tout le long de la côte des supérieures. La tête et le collier sont noirâtres, ainsi que les derniers anneaux de l'abdomen. La brosse qui le termine est un peu roussâtre.

Il se trouve communément à Maurice, à Bourbon, à Madagascar, et aux Indes orientales. Il habite aussi une grande partie de l'Amérique.

4. B. Childrenalis (1). *Boisd.*

Alis luteis, opalino-micantibus; anticis strigis sinuatis quatuor fuscis; posticis strigis duabus.

Il est à-peu-près de la taille du *Quinquepunctalis,* mais ses ailes sont un peu plus étroites, et l'abdomen est plus alongé. Il est jaune ou d'un jaune un peu roux, avec la frange légèrement blanchâtre, changeant un peu en violâtre selon les incidences de lumière. Les ailes supérieures ont la côte un peu plus obscure, et elles sont traversées par quatre lignes brunâtres sinuées, dont les deux du milieu très rapprochées, et quelquefois réunies. Les ailes inférieures sont traversées par deux lignes semblables. Le dessous est de la même couleur, mais à peine si l'on aperçoit les vestiges des lignes qui traversent les ailes.

Il se trouve à Madagascar et à Bourbon.

5. B. Poeyalis. *Boisd.*

Alis pallide lutescentibus lineis transversis margineque fuscescentibus; anticis ad costam tuberculo elevato sericeo.

Il est de la taille du *Ferrugalis* d'Europe. Ses quatre ailes sont d'un jaune paille, avec une bordure commune, assez large, d'un cendré brunâtre. Les supérieures sont traversées par trois raies d'un brun pâle, et les inférieures par deux raies semblables. Outre cela, la côte des supérieures est finement entrecoupée de brun et de jaune, et on observe un peu au-dessous de l'aile, au moins dans l'un des sexes, une petite élévation oblongue, brunâtre, formée de poils fins et soyeux. Le corps est de la couleur des ailes. Le dessous est plus pâle que le dessus.

Il se trouve à Maurice et à Bourbon.

---

(1) Dédié à M. Children, directeur du Muséum Britannique.

Nous avons dédié cette jolie petite espéce à M. Poey de Cuba, qui publie en ce moment, par centuries, les lépidoptères nouveaux de cette île.

GENRE HYDROCAMPA. *Lat.*

H. ALBIFACIALIS. *Boisd.* Pl. 16. fig. 7.

Alis nigro-fuscis fascia media communi alba fimbriaque albo secta; anticis ad extimum fascia abbreviata punctisque duobus minutis approximatis albis.

Fascialis. CRAM. 217. F.

Elle se trouve à Bourbon, à Maurice, à Madagascar, et aux Indes orientales.

Cette espéce se rapproche beaucoup de la *Phalena funerata* de Fabricius, qui est la même que le *Tages* et l'*Useus* de Cramer, qui habitent l'Amérique méridionale et les Antilles.

GENRE ASOPIA. *Treitschke.*

A. MAURITIALIS. *Boisd.* Pl. 16. fig. 8.

Alis carneo-violaceis, strigis duabus communibus transversis pallidioribus; fimbria lutea.

Elle a le port et le *facies* de la *Fimbrialis* d'Europe, à laquelle elle ressemble beaucoup. Ses quatre ailes sont d'une couleur pourprée violâtre, ou d'un violet rougeâtre, traversées par deux lignes communes, ondulées, jaunâtres, quelquefois très peu distinctes, mais toujours indiquées sur le bord de la côte par deux taches jaunes qui leur servent de point de départ. Outre cela, la frange et le collier sont d'un jaune foncé. Le dessous des ailes est d'un rouge violâtre, avec une raie commune, et la base des inférieures jaunes ou jaunâtres.

Elle a été trouvée à Maurice par M. Marchal.

GENRE PYRAUSTA. *Schrank.*

P. NERIALIS. *Boisd.*

Alis omnibus luteis, margine fusco-rubescente; anticis fascia rubricante-fusca.

Elle est de la taille de la *Sanguinalis* dont elle a tout-à-fait le port. Ses quatre ailes sont jaunes, avec une bordure pâle d'un brun lavé de rougeâtre. Ses ailes supérieures ont un peu au-delà du milieu une bande de la même teinte, marquée d'un point noir sur son côté interne. Cette bande, qui est assez large près de la côte, se continue sur les ailes inférieures, sous la forme d'une ligne peu marquée. A la base des ailes supérieures on remarque aussi une petite bande obscure peu prononcée. Le dessous est plus pâle, mais il offre le même dessin.

Elle se trouve à Maurice et à Bourbon.

TORTRICINES.

GENRE TORTRIX. *Auct.* Pyralis. *Lat.*

1. T. NERIANA. *Boisd.*

Alis anticis fuscis, basi late fasciaque interrupta albis; posticis cinereis, thorace albo.

Elle a la taille de la *Pruniana* d'Europe, et par ses ailes en toit dans le repos elle a un peu le port de certaines espèces d'*Anthophila*. Ses ailes supérieures sont d'un brun olivâtre, avec la base largement blanche. L'extrémité offre une bande oblique du même blanc, interrompue dans son milieu. A la base de la frange on voit une petite raie marginale d'un rouge ferrugineux. La frange est d'une couleur plombée. Les ailes inférieures sont d'un gris sale. Le corselet et le dessus de la tête sont blancs.

Elle se trouve à Bourbon et à Maurice.

2. T. INSULANA. *Boisd.* Pl. 16. fig. 9.

Alis anticis thoraceque viridibus vel flavo-subviridibus; posticis albidis ad fimbriam infuscatis.

Elle a le port et la taille de la *Chlorana* d'Europe. Ses ailes supérieures sont tantôt d'un beau vert, et tantôt d'un jaune tirant sur le vert. Dans quelques individus elles sont traversées vers le milieu par deux petites lignes un peu plus obscures, mais peu distinctes. La tête et le corselet sont de la couleur des ailes supérieures. Les ailes inférieures sont blanches, souvent un peu noirâtres près de la frange.

Elle se trouve à Maurice, à Bourbon, et à Madagascar.

TINÉIDES.

GENRE SINDRIS. *Boisd.*

Tête un peu moins grosse que le corselet; palpes écartés à leur extrémité, leur dernier article nu, grêle, presque aussi long que le précédent; yeux assez saillants; antennes légèrement pectinées dans les mâles; trompe grêle, roulée en spirale. Ailes supérieures un peu elliptiques, les inférieures plissées dans le repos. Abdomen plus long que les ailes, terminé dans les deux sexes par un pinceau de poils très fourni; pattes postérieures longues, munies de deux paires d'ergots prononcés, dont les internes plus longs.

S. Sganzini. *Boisd.* Pl. 16. fig. 10.

Alis anticis subviolaceo-olivaceis vitta longitudinali alba; posticis abdomineque fulvis.

Elle est de la taille de la *Tinea dubia* d'Europe, dont elle a le port. Ses ailes supérieures sont d'un vert-olivâtre lavé de violâtre, avec une bandelette longitudinale blanche, plus ou moins large. Les ailes inférieures sont entièrement d'un jaune fauve. Le corselet est olivâtre, l'abdomen est de la couleur des ailes inférieures, ainsi que le pinceau qui le termine. Le dessous des ailes supérieures est olivâtre, avec une bandelette longitudinale fauve. Celui des inférieures est de la couleur du dessus.

Elle se trouve assez communément à Sainte-Marie et à Madagascar.

GENRE TINEA. *Auct.*

T. Borboniella. *Boisd.*

Alis anticis albis basi late nigricantibus, apice fimbriaque fuscis; posticis cinereis.

Elle a le port de la *Tapezella*, mais elle est un peu plus petite. Ses ailes supérieures sont d'un brun noir, depuis la base jusqu'au milieu, ensuite blanches, avec le bord et la frange noirâtres. Les ailes inférieures sont cendrées, le corselet est de la couleur des ailes.

Elle se trouve à Maurice et à Bourbon.

OUVRAGES NOUVEAUX D'ENTOMOLOGIE

QUE PUBLIE LE LIBRAIRE RORET,

RUE HAUTEFEUILLE, N° 10 *bis*, A PARIS.

SCHOENHERR. *Synonymia insectorum* CURCULIONIDES. Ouvrage comprenant la synonymie et la description de tous les Curculionites connus; par M. SCHOENHERR. 4 vol. in-8°. (Ouvrage latin.) Prix, 9 fr. chaque partie.

On trouve chez le même éditeur un petit nombre d'exemplaires restant de la *Synonymia insectorum*, du même auteur. Chacun des trois volumes qui composent cet ouvrage est accompagné de planches coloriées, dans lesquelles l'auteur a fait représenter des espèces nouvelles. Un demi-volume, consacré à des descriptions d'espèces inédites, est annexé au troisième tome, sous forme d'appendix. Le prix de ces trois volumes et demi est de 30 francs pris à Paris.

ICONES HISTORIQUE DES LÉPIDOPTÈRES d'Europe, nouveaux ou peu connus; par le docteur BOISDUVAL.

Cet ouvrage, en faisant connaître les nouvelles découvertes, forme un supplément indispensable à tous les auteurs iconographes. Il contiendra environ trente livraisons. Chaque livraison se compose de deux planches coloriées et du texte correspondant, imprimé sur papier vélin. — Prix de la livraison pour les souscripteurs, 3 francs.

COLLECTION ICONOGRAPHIQUE ET HISTORIQUE DES CHENILLES d'Europe, avec des applications à l'agriculture. — Par MM. BOISDUVAL, RAMBUR et GRASLIN.

Cet ouvrage dans lequel toutes les chenilles seront peintes d'après la nature vivante, à leurs différents âges, par les premiers artistes ou par les auteurs, sur les plantes dont elles se nourrissent, formera environ soixante à soixante-dix livraisons, composées chacune de trois planches coloriées, et du texte correspondant, imprimé sur papier vélin. — Prix de chaque livraison pour les souscripteurs, 3 francs.

Ces deux ouvrages sont parvenus à la 16ᵉ livraison, et MM. les souscripteurs ont été à même de comparer avec ce qui avait été fait jusqu'à présent, et de juger par la haute perfection de la partie iconographique, que nous ne sommes pas restés au-dessous des promesses faites dans notre prospectus.

FAUNE ENTOMOLOGIQUE de Madagascar, Bourbon et Maurice.—LÉPIDOPTÈRES; par le docteur BOISDUVAL; avec des notes sur les métamorphoses, par M. SGANZIN.

Cet ouvrage, traité avec la même perfection et le même soin que les
deux précédents, contient un grand nombre d'espèces nouvelles, la plupart fort remarquables, ainsi que la description des espèces anciennement
connues. Il se compose de huit livraisons grand in-8° vélin, et chaque livraison contient deux feuilles de texte et deux planches coloriées représentant chacune un grand nombre d'individus.

Le prix de la livraison est de 4 francs. Toutes les livraisons sont en
vente.

ICONOGRAPHIE ET HISTOIRE DES LÉPIDOPTÈRES ET DES CHENILLES de l'Amérique septentrionale; par le docteur BOISDUVAL et par le major JOHN LE-
CONTE de New-York.

Cet ouvrage, dont il n'avait paru que huit livraisons, et interrompu par
suite de la révolution de 1830, va être continué avec rapidité. Les livraisons 9 et 10 sont en vente, et les suivantes paraîtront à des intervalles
très rapprochés.

L'ouvrage comprendra environ quarante livraisons. Chaque livraison
contient trois planches coloriées, et le texte correspondant. Prix pour
les souscripteurs, 3 francs la livraison.

FAUNE DE L'OCÉANIE; par le docteur BOISDUVAL. Un gros vol. in-8° imprimé sur grand papier vélin.

COURS D'ENTOMOLOGIE, ou de l'Histoire Naturelle des Crustacées, des
Arachnides et des Insectes; par M. LATREILLE. — Première année. Un
gros vol. in-8° avec un Atlas composé de vingt-quatre planches. Prix,
15 francs. — Cet ouvrage est le dernier qu'ait publié M. Latreille.

NOUVELLES ANNALES DU MUSÉUM D'HISTOIRE NATURELLE. Recueil des mémoires de MM. les professeurs de cet établissement et autres naturalistes
célèbres, sur les branches des sciences naturelles qui y sont enseignées. —
L'année 1832 commence la 3ᵉ série et forme un volume. — Le prix est de
30 francs pour Paris, et 33 francs pour les départements. — Quatre cahiers composent l'année; ils paraissent tous les trois mois, et forment à la
fin de l'année un volume in-4° d'environ soixante feuilles, orné de vingt
planches au moins.

REVUE ENTOMOLOGIQUE, par M. Gustave SILBERMANN. — Journal paraissant tous les mois par cahier d'au moins trois feuilles, formant avec les
planches deux volumes à la fin de l'année.

Prix de l'abonnement pour l'année, *franco*. . . 36 francs.

CATALOGUE DES LÉPIDOPTÈRES DU DÉPARTEMENT DU VAR; par M. CANTENER.
Prix. . . . . 1 franc.

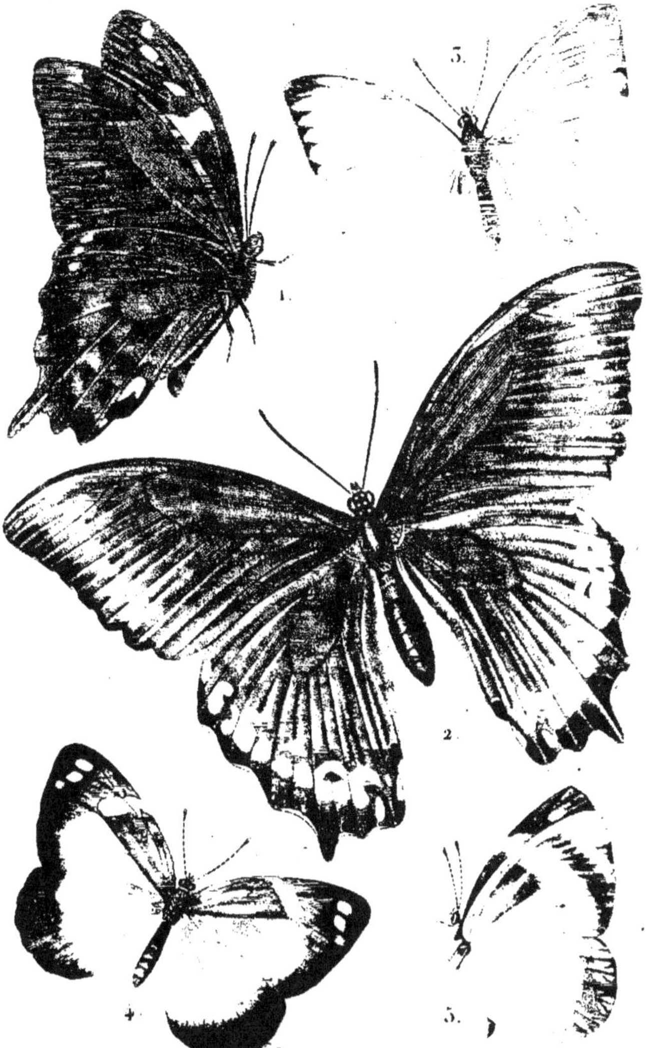

1. Papilio Epiphorbas *mâle.*
2. ——— Disparilis *femelle.*
3. Pieris Orbona *mâle.*
4. ——— Malatha *femelle*
5. *idem en dessous.*

Blanchard pinxit

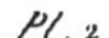

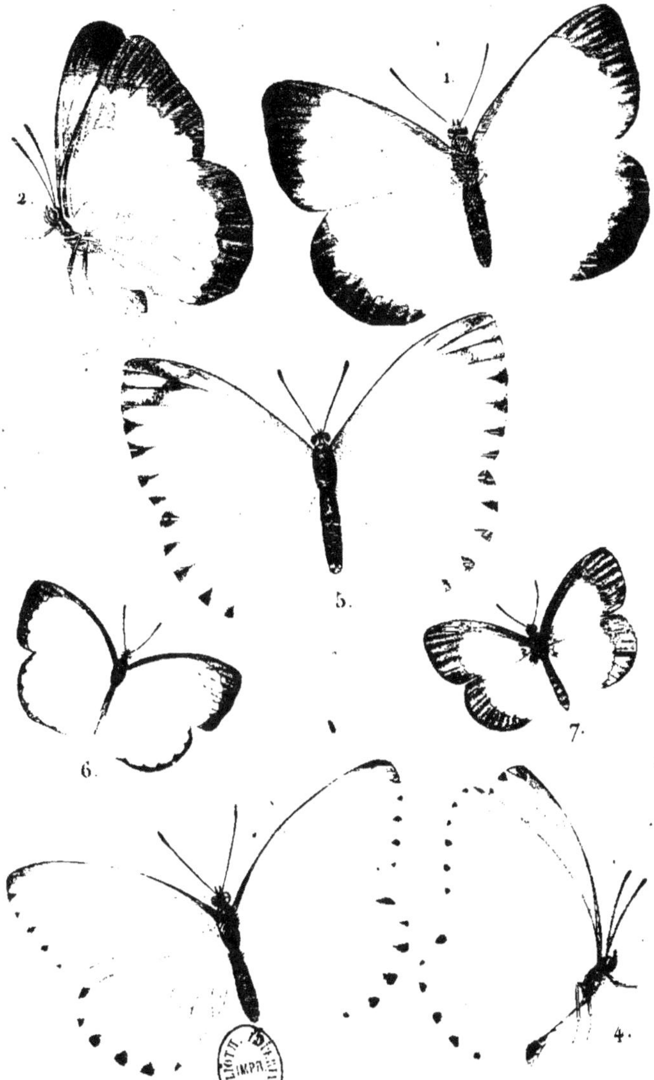

1. Pieris Heleida.
2 idem en dessous.
3. ——— Phileris *mâle*.
4. idem en dessous.

5. Pieris Phileris *femelle*.
6. Xanthidia Desjardinsii *mâle*.
- ——— Pulchella *mâle*

Blanchard pinxit.

1. Euplæa Euphone.
2. ————— Goudotti.
5. ————— Phædone.

4. Emesis Tepahi *en dessous*.
5. Lycæna Batikeli *en dessous*.

Blanchard pinxit

1. Acræa Hova.
2. idem en dessous.
3. ———— Igati *mâle*.

4. Acræa Zitja *mâle*.
5. idem en dessous.
6. ———— Manjaca *femelle*.

Blanchard pinxit

1. Acræa Rakeli.

2. idem en dessous.

3. ______ Igati *femelle*.

4. Acræa Rahira.

5. idem en dessous.

6. ______ Manjaca *mâle*.

7. idem en dessous.

Blanchard pinxit

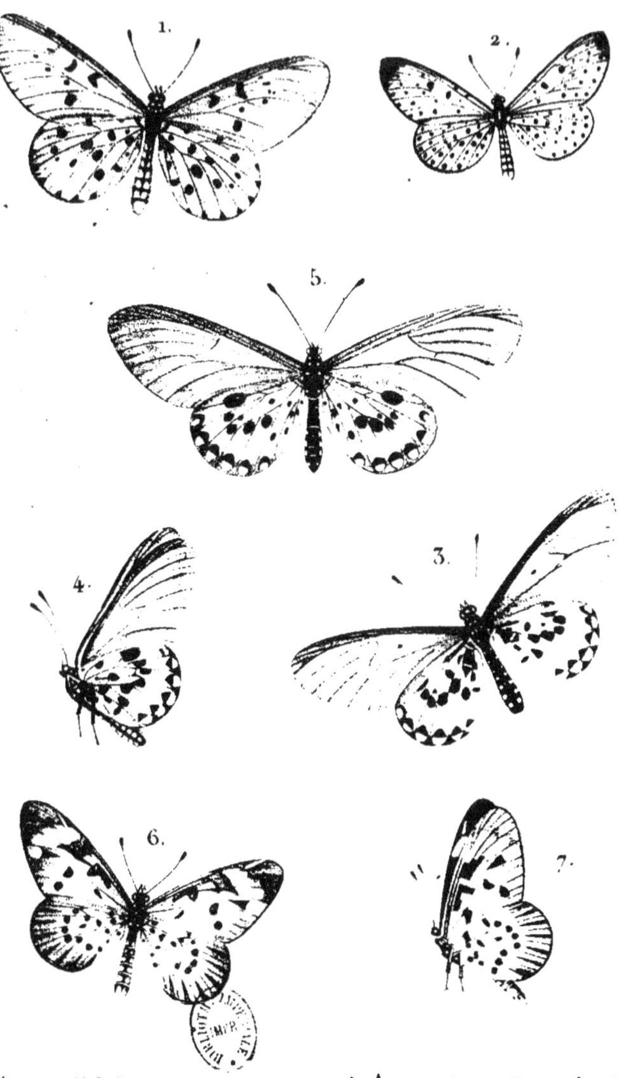

1. Acræa Mahela.

2. ______ Punctatissima.

5. ______ Ranavalona *mâle*.

4. *idem en dessous.*

5. Acræa Ranavalona *femelle*.

6. ______ Sganzini *mâle*.

7. *idem en dessous.*

1.Vanessa Goudotii
2 ———— Rhadama
3 ———— Epiclelia *femelle*
4.Cyrestis Elegans
5.Hypanis Anvatara
6.Limenitis Dumetorum

E Pl. 8

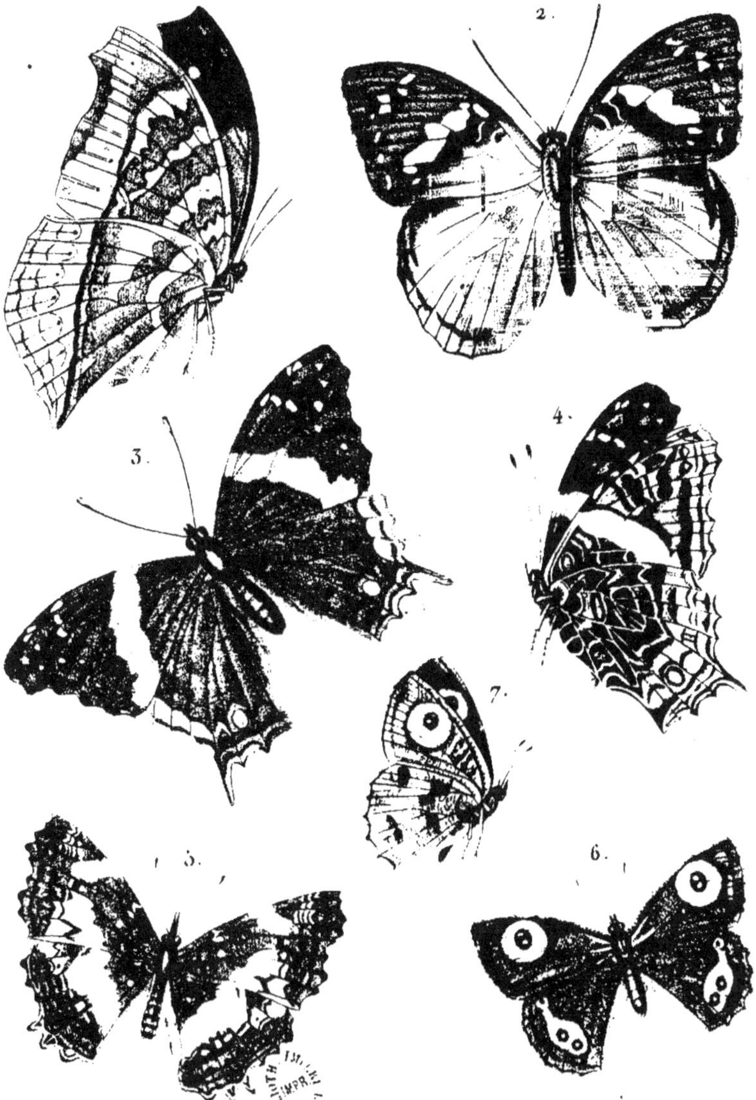

1 Salamis Augustina *mâle*.
2 Aterica Rabena *mâle*.
3 Vanessa Hippomene *femelle*.
4 *Idem en dessous*.
5 Lybithea Fulgurata.
6 Satyrus Tamatavæ *femelle*.
7 *Idem en dessous*.

Blanchard pinxit

1	Thymele	Ratek	*mâle*	7	Hesperia	Poutieri	
2	————	Sabadius	*fémelle*	8	————	Coroller	*fémelle*
3	————	Ramanatek		9	Steropes	Bernieri	
4	————	Ophion		10	————	Rhadama	*mâle*
5	Hesperia	Borbonica		11	*Idem en dessous*		
'6	*Idem en dessous*						

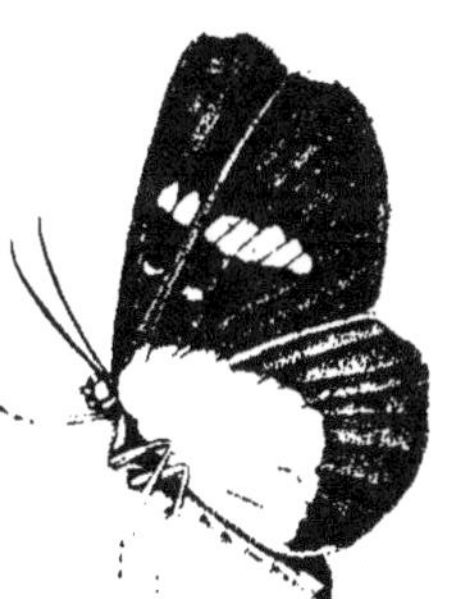

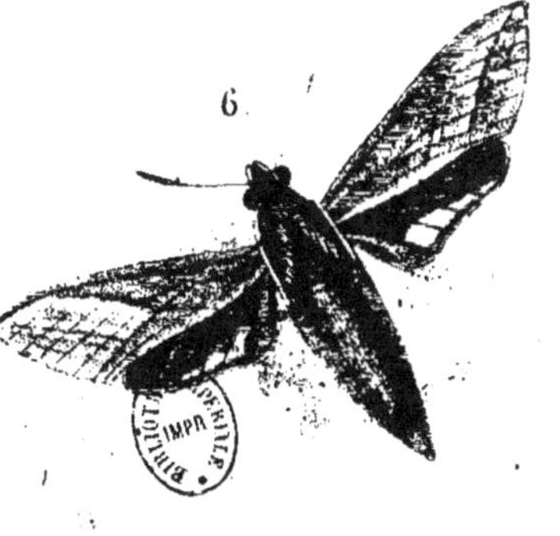

1. Agarista Pales.
2. Idem en dessous.
3. Macroglossa Milvus.

4 Macroglossa Apus.
5 Deilephila Idrieus.
6 ———— Saclavorum.

Blanchard pinxit

E

Pl. 11.

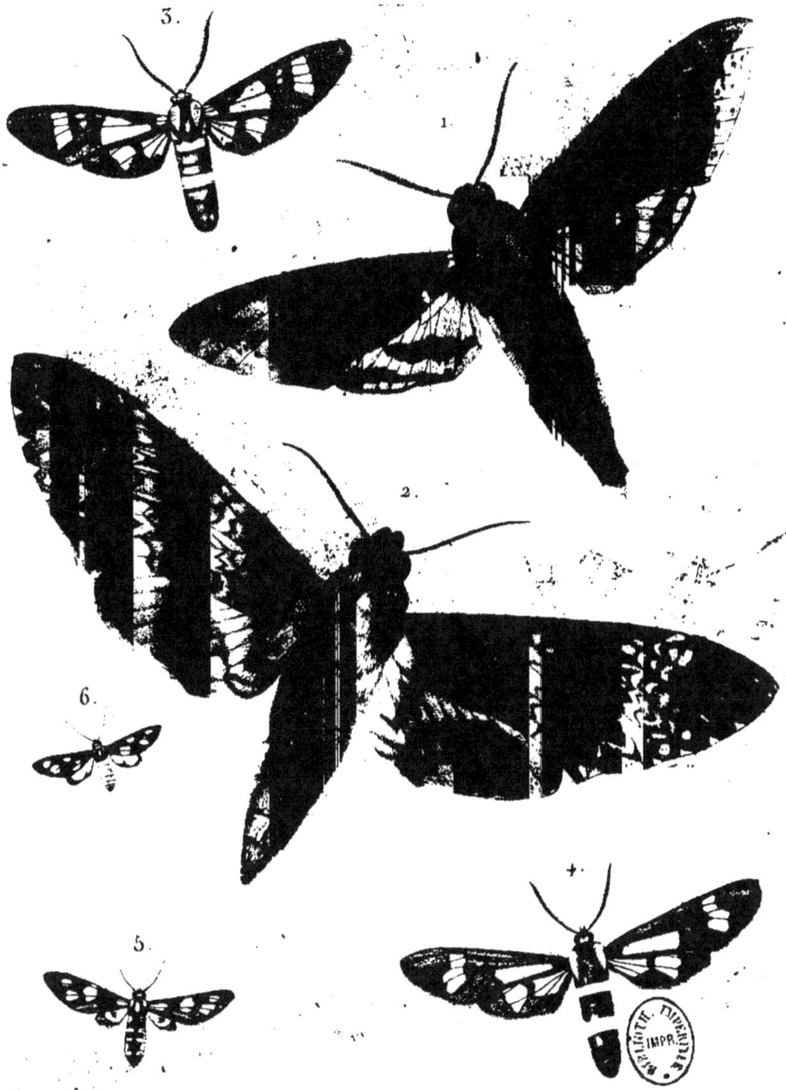

1 Deilephila Lacordairei
2 Sphinx Solani.
3 Glaucopis Formosa
4 Glaucopis Madagascariensis.
5 Syntomis Myodes.
6 ——— Minuta.

Blanchard pinxit

1. Leptosoma Insulare.

2. Cypra Crocipes.

3. Bombyx Annulipes.

4. Saturnia Suraka.

5. Borocera Madagascariensis *mâle*.

6. *idem femelle*.

1. Ophiusa Delta.
2. ________ Angularis.
3. ________ Repanda.
4. ________ Marchalii.
5. Polydesma Umbricola.
6. ________ Nycterina
7. Cosmophila Xanthindyma.
8. Hadena Littoralis.
9. ________ Mauritia.

1. Urania Rhipheus *mâle*.

5. Ophideres Imperator *mâle*.

2. *idem vue en dessous.*

1. Aganais Borbonica
2. ——— Insularis
3. Ophiusa Hopei

4. Ophiusa Dejeanii
5. ——— Lienardi
6. ——— Anfractuosa
7. Heliothis Apricans

Blanchard pinxit

E

6.

1.

5.

4.

2.

3.

10.

7.

9.

8.

1. Ophiusa Rubricans.
2. Cyligramma Joa.
3. Apamea? Litigiosa.
4. Boarmia Acaciaria.
5. Botys Quinquepunctalis.

6. Botys Thalassinalis.
7. ——— Albifascialis.
8. ——— Mauritialis.
9. Tortrix Insulana.
10. Sindris Sganzini.

Blanchard pinxit.